ISBN-13: 978-1546375036

ISBN-10: 1546375031

Manual de
SOLDADURA
Industrial

Fundamentos, tipos y aplicaciones

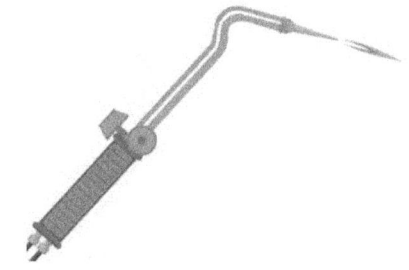

Ing. Miguel D'Addario

Primera edición

2017

CE

Índice

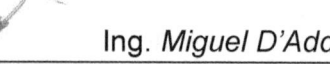

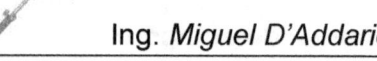

Autor

Ingeniero industrial (UNC), Técnico superior en equipos industriales, mantenimiento y gestión. E instructor de AutoCAD, 3D y modelado. Ha publicado una centena de libros, en su mayoría técnicos educativos para todos los niveles.

Sus libros están distribuidos en los cinco Continentes, son de consulta asidua en Bibliotecas del mundo, y se encuentran inscritos en los catálogos, ISBNs y bases bibliográficas Internacionales.

Son traducidos a múltiples idiomas y pueden encontrarse en los bookstores internacionales, tanto en formato papel como en versión electrónica.

Webs donde conocer y/o adquirir otras obras del autor:

http://migueldaddariobooks.blogspot.com
https://www.amazon.com/Miguel-DAddario
https://www.createspace.com/pubMiguelDAddario

Introducción

La soldadura es un proceso de fijación en donde se realiza la unión de dos o más piezas de un material, (generalmente metales o termoplásticos), usualmente logrado a través de la coalescencia (fusión), en la cual las piezas son soldadas fundiendo, se puede agregar un material de aporte (metal o plástico), que, al fundirse, forma un charco de material fundido entre las piezas a soldar (el baño de soldadura) y, al enfriarse, se convierte en una unión fija a la que se le denomina cordón. A veces se utiliza conjuntamente presión y calor, o solo presión por sí misma, para producir la soldadura. Esto está en contraste con la soldadura blanda (en inglés soldering) y la soldadura fuerte (en inglés brazing), que implican el derretimiento de un material de bajo punto de fusión entre piezas de trabajo para formar un enlace entre ellos, sin fundir las piezas de trabajo. Muchas fuentes de energía diferentes pueden ser usadas para la soldadura, incluyendo una llama de gas, un arco eléctrico, un láser, un rayo de electrones, procesos de fricción o ultrasonido. La energía necesaria para formar la unión entre dos piezas de metal generalmente proviene de un arco eléctrico. La energía para soldaduras de fusión o termoplásticos generalmente proviene del contacto directo con una herramienta o un gas caliente. La soldadura con frecuencia se realiza en un ambiente industrial, pero puede realizarse en muchos lugares diferentes, incluyendo al aire libre, bajo del agua y en el espacio. Independientemente de la localización, sin embargo, la soldadura sigue siendo peligrosa, y se deben tomar precauciones para evitar quemaduras, descarga eléctrica, humos venenosos, y la sobreexposición a la luz ultravioleta. Hasta el final del siglo XIX, el único proceso de soldadura era la soldadura de fragua, que los herreros han usado por siglos para juntar metales calentándolos y golpeándolos. La soldadura por arco y la soldadura a gas estaban entre los primeros procesos en desarrollarse tardíamente en ese mismo siglo, siguiéndoles, poco después, la soldadura por resistencia y soldadura eléctrica. La tecnología de la soldadura avanzó rápidamente durante el principio del siglo XX mientras que la Primera Guerra Mundial y la Segunda Guerra Mundial condujeron la demanda de métodos de unión fiables y baratos. Después de las guerras, fueron desarrolladas varias técnicas modernas de soldadura, incluyendo métodos manuales como la Soldadura manual de metal por arco, ahora uno de los más populares métodos de soldadura, así como procesos semiautomáticos y automáticos tales como Soldadura GMAW, soldadura de arco sumergido, soldadura de arco con núcleo de fundente y soldadura por electroescoria. Los progresos continuaron con la invención de la soldadura por rayo láser y la soldadura con rayo de electrones a mediados del siglo XX. Hoy en día, la ciencia continúa avanzando. La está llegando a ser corriente en las instalaciones industriales, y los investigadores continúan desarrollando nuevos métodos de soldadura y ganando mayor comprensión de la calidad y las propiedades de la soldadura. Se dice que la soldadura es un sistema porque intervienen los elementos propios de este, es decir, las 5 M: mano de obra, materiales, máquinas, medio ambiente y medios escritos (procedimientos). La unión satisfactoria implica que debe pasar las pruebas mecánicas (tensión y doblez). Las técnicas son los diferentes procesos (SMAW, SAW, GTAW, etc.) utilizados para la situación más conveniente y favorable, lo que hace que sea lo más económico, sin dejar de lado la seguridad.

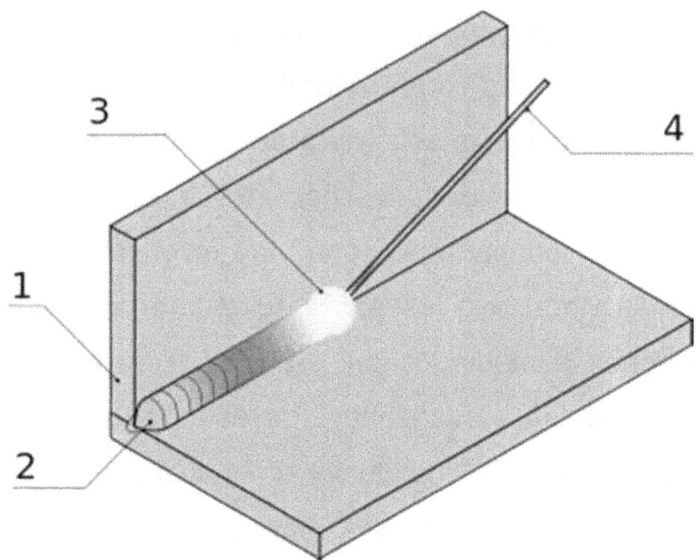

Principio general de la soldadura

1.- Metal de base.

2.- Cordón de soldadura.

3.- Fuente de energía.

4. -Metal de aportación.

El Pilar de hierro de Delhi

La historia de la unión de metales se remonta a varios milenios atrás, con los primeros ejemplos de soldadura desde la edad de bronce y la edad de hierro en Europa y en Oriente Medio. La soldadura fue usada en la construcción del Pilar de hierro de Delhi, en la India, erigido cerca del año 310 y pesando 5.4 toneladas métricas. La Edad Media trajo avances en la soldadura de fragua, con la que los herreros golpeaban repetidamente y calentaban el metal hasta que se producía la unión. En 1540, Vannoccio Biringuccio publicó De la pirotechnia, que incluye descripciones de la operación de forjado. Los artesanos del Renacimiento eran habilidosos en el proceso, y dicha industria continuó desarrollándose durante los siglos siguientes. Sin embargo, la soldadura fue transformada durante el siglo XIX. En 1800, Sir Humphry Davy descubrió el arco eléctrico, y los avances en la soldadura por arco continuaron con las invenciones de los electrodos de metal por el ruso Nikolai Slavyanov y el norteamericano, C. L. Coffin a finales de los años 1800. Incluso la soldadura por arco de carbón, que usaba un electrodo de carbón, ganó popularidad. Alrededor de 1900, A. P. Strohmenger lanzó un electrodo de metal recubierto en Gran Bretaña, que dio un arco más estable, y en 1919, la soldadura de corriente alterna fue inventada por C. J. Holslag, pero no llegó a ser popular por otra década. La soldadura por resistencia también fue desarrollada durante las décadas finales del siglo XIX, con las primeras patentes del sector en manos de Elihu Thomson en 1885, quien produjo otros avances durante los siguientes 15 años. La soldadura de termita fue inventada en 1893, y alrededor de ese tiempo, se estableció otro proceso, la soldadura a gas. El acetileno fue descubierto en 1836 por Edmund Davy, pero su uso en la soldadura no fue práctico hasta cerca de 1900, cuando fue desarrollado un soplete conveniente. Al principio, la soldadura de gas fue uno de los más populares métodos de soldadura debido a su portabilidad y costo relativamente bajo. Sin embargo, a medida que progresaba el siglo 20, bajó en las preferencias para las aplicaciones industriales. Fue sustituida, en gran medida, por la soldadura de arco, en la medida que continuaron siendo desarrolladas las cubiertas de metal para el electrodo (conocidas como fundente), que estabilizan el arco y blindaban el material base de las impurezas. La Primera Guerra Mundial causó un repunte importante en el uso de los procesos de soldadura, con las diferentes fuerzas militares procurando determinar cuáles de los variados nuevos procesos de soldadura serían los mejores. Los británicos usaron primariamente la soldadura por arco, incluso construyendo, mediante este procedimiento, una nave, el Fulagar, con un casco enteramente soldado. Los estadounidenses eran más vacilantes, pero comenzaron a reconocer los beneficios de la soldadura de arco cuando dicho proceso les permitió reparar rápidamente sus naves después de los ataques alemanes en el puerto de Nueva York al principio de la guerra. También la soldadura de arco fue aplicada por primera vez a los aviones durante la guerra, pues algunos fuselajes de aeroplanos alemanes fueron construidos usando dicho proceso. Durante los años 1920, importantes avances fueron hechos en la tecnología de la soldadura, incluyendo la introducción de la soldadura automática en 1920, en la que el alambre del electrodo era alimentado continuamente. El gas de protección se convirtió en un tema importante, mientras que los científicos procuraban proteger las soldaduras contra los efectos del oxígeno y el nitrógeno de la atmósfera. La porosidad y la fragilidad eran los problemas básicos derivados de este intercambio, y las soluciones que desarrollaron incluyeron el uso del hidrógeno, del argón, y del helio como gases protectores de la soldadura. Durante la siguiente década, posteriores avances permitieron la soldadura de metales reactivos como el aluminio y el magnesio. Esto, conjuntamente con desarrollos en la soldadura automática, la soldadura bajo corriente alterna, y los fundentes, alimentaron una importante extensión de la soldadura de arco durante los años 1930 y durante la Segunda Guerra Mundial. A mediados del siglo XX, fueron inventados muchos métodos nuevos de soldadura. 1930 vio el lanzamiento de la soldadura de perno, que pronto llegó a ser popular en la fabricación de naves y la construcción. La soldadura de arco sumergido fue inventada el mismo año, y continúa siendo popular hoy en día. En 1941, después de décadas de desarrollo, la soldadura de arco de gas con electrodo de tungsteno fue finalmente perfeccionada, seguida en 1948 por la soldadura por arco metálico con gas, permitiendo la soldadura rápida de materiales no ferrosos pero requiriendo costosos gases de blindaje. La soldadura de arco metálico blindado fue desarrollada durante los años 1950, usando un fundente de electrodo consumible cubierto, y se convirtió rápidamente en el más popular proceso de soldadura de arco metálico. En 1957, debutó el proceso de soldadura por arco con núcleo fundente, en el que el electrodo de alambre auto blindado podía ser usado con un equipo automático, resultando en velocidades de soldadura altamente incrementadas, y ése mismo año fue inventada la soldadura de arco de plasma. La soldadura por electroescoria fue introducida en 1958, y fue seguida en 1961 por su prima, la soldadura por electrogas. Otros desarrollos recientes en la soldadura incluyen en 1958 el importante logro de la soldadura con rayo de electrones, haciendo posible la soldadura profunda y estrecha por medio de la fuente de calor concentrada. Siguiendo la invención del láser en 1960, la soldadura por rayo láser debutó varias décadas más tarde, y ha demostrado ser especialmente útil en la soldadura automatizada de alta velocidad, Sin embargo, ambos procesos continúan siendo altamente costosos debido al alto costo del equipo necesario, y esto ha limitado sus aplicaciones.

Sistemas de soldadura

Soldadura de estado sólido

Como el primer proceso de soldadura, la soldadura de fragua, algunos métodos modernos de soldadura no implican derretimiento de los materiales que son juntados. Una de las más populares, la soldadura ultrasónica, es usada para conectar hojas o alambres finos hechos de metal o termoplásticos, haciéndolos vibrar en alta frecuencia y bajo alta presión. El equipo y los métodos implicados son similares a los de la soldadura por resistencia, pero en vez de corriente eléctrica, la vibración proporciona la fuente de energía. Soldar metales con este proceso no implica el derretimiento de los materiales; en su lugar, la soldadura se forma introduciendo vibraciones mecánicas horizontalmente bajo presión. Cuando se están soldando plásticos, los materiales deben tener similares temperaturas de fusión, y las vibraciones son introducidas verticalmente. La soldadura ultrasónica se usa comúnmente para hacer conexiones eléctricas de aluminio o cobre, y también es un muy común proceso de soldadura de polímeros. Otro proceso común, la soldadura explosiva, implica juntar materiales empujándolos juntos bajo una presión extremadamente alta. La energía del impacto plastifica los materiales, formando una soldadura, aunque solamente una limitada cantidad de calor sea generada. El proceso es usado comúnmente para materiales disímiles de soldadura, tales como la soldadura del aluminio con acero en cascos de naves o placas compuestas. Otros procesos de soldadura de estado sólido incluyen la soldadura de coextrusión, la soldadura en frío, la soldadura de difusión, la soldadura por fricción (incluyendo la soldadura por fricción-agitación en inglés Friction Stir Welding), la soldadura por alta frecuencia, la soldadura por presión caliente, la soldadura por inducción, y la soldadura de rodillo.

Soldadura por arco

Se trata, en realidad, de distintos sistemas de soldadura, que tienen en común el uso de una fuente de alimentación eléctrica. Ésta se usa para generar un arco voltaico entre un electrodo y el material base, que derrite los metales en el punto de la soldadura. Se puede usar tanto corriente continua (CC) como alterna (AC), e incluyen electrodos consumibles o no consumibles, los cuales se encuentran cubiertos por un material llamado revestimiento. A veces, la zona de la soldadura es protegida por un cierto tipo de gas inerte o semi inerte, conocido como gas de protección, y, en ocasiones, se usa un material de relleno.

Soldadura blanda y fuerte

La soldadura blanda y la soldadura fuerte son procesos en los cuales no se produce la fusión de los metales base, sino únicamente del metal de aportación. Siendo el primer proceso de soldadura utilizado por el hombre, ya en la antigua Sumeria.

La soldadura blanda se da a temperaturas inferiores a 450 ºC.

La soldadura fuerte se da a temperaturas superiores a 450 ºC.

Y la soldadura fuerte a altas temperaturas se da a temperaturas superiores a 900 ºC.

Fuentes de energía

Para proveer la energía eléctrica necesaria para los procesos de la soldadura de arco, pueden ser usadas diferentes fuentes de alimentación. La clasificación más común de dichas fuentes consiste en separar las de corriente constante y las de voltaje constante. En la soldadura de arco, la longitud del arco está directamente relacionada con el voltaje, y la cantidad de calor generado está relacionada con la intensidad de la corriente. Las fuentes de alimentación de corriente constante son usadas con más frecuencia para los procesos manuales de soldadura tales como la soldadura de arco de gas con electrodo de tungsteno y la soldadura de arco metálico blindado, porque ellas mantienen una corriente constante incluso mientras el voltaje varía. Esto es importante en la soldadura manual, ya que puede ser difícil sostener el electrodo perfectamente estable, y como resultado, la longitud del arco y el voltaje tienden a fluctuar. Las fuentes de alimentación de voltaje constante mantienen éste y varían la corriente. Como resultado, son usadas más a menudo para los procesos de soldadura automatizados tales como la soldadura de arco metálico con gas, soldadura por arco de núcleo fundente, y la soldadura de arco sumergido. En estos procesos, la longitud del arco es mantenida constante, puesto que cualquier fluctuación en la distancia entre electrodo y material base es rápidamente rectificado por un cambio grande en la corriente. Si el alambre y el material base se acercan demasiado, la corriente aumentará rápidamente, lo que, a su vez, causa un aumento del calor y éste hace que la extremidad del alambre se funda, haciéndolo, así, volver a su distancia de separación original. El tipo de corriente usado en la soldadura de arco también juega un papel importante. Los electrodos de proceso consumibles como los de la soldadura de arco de metal blindado y la soldadura de arco metálico con gas generalmente usan corriente directa (continua), por lo que el electrodo puede ser cargado positiva o negativamente, dependiendo de cómo se realicen las conexiones de los electrodos. En la soldadura, en caso de cargar el electrodo positivamente generará mayor de calor en el mismo, y como resultado, la soldadura resulta más superficial (al no fundirse casi el material base). Si el electrodo es cargado negativamente, el metal base estará más caliente, incrementando la penetración del aporte y la velocidad de la soldadura. Los procesos de electrodo no consumible, tales como la soldadura de arco de gas y electrodo de tungsteno, pueden usar ambos tipos de corriente directa, así como corriente alterna. Como en el caso antes citado, un electrodo positivamente cargado causa soldaduras superficiales y un electrodo negativamente cargado, también provoca soldaduras más profundas. En caso de utilizar corriente alterna, al invertirse constante y rápidamente la polaridad eléctrica, se consiguen soldaduras de penetración intermedia. Una desventaja de la CA, el hecho de que el arco se anule a cada inversión de polaridad, se ha superado con la invención de unidades de energía especiales que producen un patrón cuadrado de onda, en vez del patrón normal de onda sinusoidal, generando pasos por cero muy rápidos que minimizan los efectos del problema de la desaparición del arco voltaico.

Soldadura por arco de metal blindado

Uno de los tipos más comunes de soldadura de arco es la soldadura manual con electrodo revestido (SMAW, Shielded Metal Arc Welding), que también es conocida como soldadura manual de arco metálico (MMA) o soldadura de electrodo. La corriente eléctrica se usa para crear un arco entre el material base y la varilla de electrodo consumible, que es de acero y está cubierto con un fundente que protege el área de la soldadura contra la oxidación y la contaminación, por medio de la producción del gas CO_2 durante el proceso de la soldadura. El núcleo en sí mismo del electrodo actúa como material de relleno, haciendo innecesario un material de relleno adicional. El proceso es versátil y puede realizarse con un equipo relativamente barato, haciéndolo adecuado para trabajos domésticos y para trabajos de campo. Un operador puede hacerse razonablemente competente con una modesta cantidad de entrenamiento y puede alcanzar la maestría con la experiencia. Los tiempos de soldadura son algo lentos, puesto que los electrodos consumibles deben ser sustituidos con frecuencia y porque la escoria, el residuo del fundente, debe ser retirada después de soldar. Además, el proceso es generalmente limitado a materiales de soldadura ferrosos, aunque electrodos especializados han hecho posible la soldadura del hierro fundido, níquel, aluminio, cobre, acero inoxidable y de otros metales. La soldadura de arco metálico con gas (GMAW, Gas Metal Arc Welding), también conocida como soldadura de metal y gas inerte o por las siglas en inglés MIG (Metal Inert Gas) y MAG (Metal Active Gas), es un proceso semiautomático o automático que usa una alimentación continua de alambre como electrodo y una mezcla de gas inerte o semi-inerte para proteger la soldadura contra la contaminación. Como con la

SMAW, la habilidad razonable del operador puede ser alcanzada con entrenamiento modesto. Puesto que el electrodo es inyectado de forma continua, las velocidades de soldado son mayores para la GMAW que para la SMAW. También, el tamaño más pequeño del arco, comparado a los procesos de soldadura de arco metálico protegido, hace más fácil hacer las soldaduras en posturas complicadas (ej., empalmes en lo alto, como sería soldando por debajo de una estructura). El equipo requerido para realizar el proceso de GMAW es más complejo y costoso que el requerido para la SMAW, y exige un procedimiento más complejo de preparación. Por lo tanto, la GMAW es menos portable y versátil, y, debido al uso de un gas de blindaje separado, no es particularmente adecuado para el trabajo al aire libre. Sin embargo, la velocidad media más alta que en le SMAW, hacen que la GMAW sea más adecuada para la soldadura de producción. El proceso puede ser aplicado a una amplia variedad de metales, tanto ferrosos como no ferrosos. Un proceso relacionado, la soldadura de arco de núcleo fundente (FCAW), usa un equipo similar pero utiliza un alambre que consiste en un electrodo de acero relleno de un material en polvo.

Este alambre nucleado es más costoso que el alambre sólido estándar y puede generar humos y/o escoria, pero permite incluso una velocidad más alta de soldadura y mayor penetración del metal. La soldadura de arco, tungsteno y gas (GTAW), o soldadura de tungsteno y gas inerte (TIG) (también a veces designada erróneamente como soldadura heliarc), es un proceso manual de soldadura que usa un electrodo de tungsteno no consumible, una mezcla de gas inerte o semi-inerte, y un material de relleno separado. Especialmente útil para soldar materiales finos, este método es caracterizado por un arco estable y una soldadura de alta calidad, pero requiere una significativa habilidad del operador y solamente da velocidades de trabajo relativamente bajas. La GTAW puede ser usada en casi todos los metales soldables, aunque es aplicada más a menudo a aleaciones de acero inoxidable y metales livianos. Se usa en los casos en que son extremadamente importantes las soldaduras de calidad, por ejemplo en fabricación de cuadros de bicicletas, aviones y aplicaciones navales. Un proceso relacionado, la soldadura de arco de plasma, también usa un electrodo de tungsteno pero utiliza un gas de plasma para hacer el arco. El arco es más concentrado que el arco de la GTAW, haciendo el control transversal más crítico y así generalmente restringiendo la técnica a un proceso mecanizado. Debido a su corriente estable, el método puede ser usado en una gama más amplia de materiales gruesos que en el caso de la GTAW, y además, es mucho más rápido que ésta. Se aplica a los mismos materiales que la GTAW excepto al magnesio, y la soldadura automatizada del acero inoxidable es una aplicación reseñable de este sistema. Una variante del mismo es el corte por plasma, un eficiente sistema para el corte de acero. La soldadura de arco sumergido (SAW) es un método de soldadura de alta productividad en el cual el arco se genera inmerso en un fluido. Esto aumenta la calidad del arco, puesto que los contaminantes de la atmósfera son desplazados por dicho fluido. La escoria que forma la soldadura, generalmente, sale por sí misma, y, combinada con el uso de una alimentación de alambre continua, la velocidad de deposición de la soldadura es alta. Las condiciones de trabajo mejoran mucho en comparación con otros sistemas de soldadura de arco, puesto que el fluido oculta el arco y, así, casi no se produce ningún humo.

Este sistema es usado comúnmente en la industria, especialmente para productos grandes y en la fabricación de recipientes de presión soldados. Otros procesos de soldadura de arco incluyen la soldadura de hidrógeno atómico, la soldadura de arco de carbono, la soldadura de electroescoria, la soldadura por electrogas, y la soldadura de arco de perno. Soldadura por resistencia La soldadura por puntos es un popular método de soldadura por resistencia usado para juntar hojas de metal solapadas de hasta 3mm de grosor. Dos electrodos son usados simultáneamente para sujetar juntas las hojas de metal y para hacer pasar corriente a través de las mismas. Las ventajas del método incluyen el uso eficiente de la energía, una limitada deformación de la pieza de trabajo, altas velocidades de producción, fácil automatización, y el no requerimiento de materiales de relleno. La fuerza de dicha soldadura es sensiblemente más baja que las de otros métodos de soldadura, restringiendo el sistema a ciertas aplicaciones. Es usada extensivamente en la industria del automóvil. Los vehículos ordinarios pueden llevar varios miles de puntos de soldadura hechos por robots industriales. Un proceso especializado, llamado soldadura de choque, puede ser usado para los puntos de soldadura del acero inoxidable.

Soldadura a gas

El proceso más común de soldadura a gas es la soldadura oxiacetilénica, también conocida como soldadura autógena o soldadura oxicombustible. Es uno de los más viejos y más versátiles procesos de soldadura, pero en años recientes ha llegado a ser menos popular en aplicaciones industriales. Todavía es usada extensamente para soldar tuberías y tubos, como también para trabajo de reparación. El equipo es relativamente barato y simple, generalmente empleando la combustión del acetileno en oxígeno para producir una temperatura de la llama de soldadura de cerca de 3100 °C. Puesto que la llama es menos concentrada que un arco eléctrico, causa un enfriamiento más lento de la soldadura, que puede conducir a mayores tensiones residuales y distorsión de soldadura, aunque facilita la soldadura de aceros de alta aleación. Un proceso similar, generalmente llamado corte de oxicombustible, es usado para cortar los metales. Otros métodos de la soldadura a gas, tales como soldadura de acetileno y aire, soldadura de hidrógeno y oxígeno, y soldadura de gas a presión son muy similares, generalmente diferenciándose solamente en el tipo de gases usados. Una antorcha de agua a veces es usada para la soldadura de precisión de artículos como joyería. La soldadura a gas también es usada en la soldadura de plástico, aunque la sustancia calentada es el aire, y las temperaturas son mucho más bajas.

Soldadura por resistencia

La soldadura por resistencia implica la generación de calor al atravesar la corriente eléctrica dos o más superficies de metal. Se forman pequeños charcos de metal fundido en el área de soldadura a medida que la elevada corriente (1.000 a 100.000A) traspasa el metal. En general, los métodos de la soldadura por resistencia son eficientes y causan poca contaminación, pero sus aplicaciones son algo limitadas y el costo del equipo puede ser alto.

Soldador de punto

La soldadura por puntos es un popular método de soldadura por resistencia usado para juntar hojas de metal solapadas de hasta 3 mm de grueso. Dos electrodos son usados simultáneamente para sujetar las hojas de metal juntas y para pasar la corriente a través de ellas. Las ventajas del método incluyen el uso eficiente de la energía, una limitada deformación de la pieza de trabajo, altas velocidades de producción, fácil automatización, y el no requerimiento de materiales de relleno. La fuerza de la soldadura es perceptiblemente más baja que con otros métodos de soldadura, haciendo el proceso solamente conveniente para ciertas aplicaciones. Es usada extensivamente en la industria de automóviles. Los coches ordinarios pueden tener varios miles de puntos soldados hechos por robots industriales. Un proceso especializado, llamado soldadura de choque, puede ser usado para los puntos de soldadura del acero inoxidable. Como la soldadura de punto, la soldadura de costura confía en dos electrodos para aplicar la presión y la corriente para juntar hojas de metal. Sin embargo, en vez de electrodos de punto, los electrodos con forma de rueda, ruedan a lo largo y a menudo alimentan la pieza de trabajo, haciendo posible las soldaduras continuas largas. En el pasado, este proceso fue usado en la fabricación de latas de bebidas, pero ahora sus usos son más limitados.

Otros métodos de soldadura por resistencia incluyen la soldadura de destello, la soldadura de proyección, y la soldadura de volcado.

Soldadura por rayo de energía

Los métodos de soldadura por rayo de energía, llamados soldadura por rayo láser y soldadura con rayo de electrones, son procesos relativamente nuevos que han llegado a ser absolutamente populares en aplicaciones de alta producción. Los dos procesos son muy similares, diferenciándose más notablemente en su fuente de energía. La soldadura de rayo láser emplea un rayo láser altamente enfocado, mientras que la soldadura de rayo de electrones es hecha en un vacío y usa un haz de electrones. Ambas tienen una muy alta densidad de energía, haciendo posible la penetración de soldadura profunda y minimizando el tamaño del área de la soldadura. Ambos procesos son extremadamente rápidos, y son fáciles de automatizar, haciéndolos altamente productivos. Las desventajas primarias son sus muy altos costos de equipo (aunque éstos están disminuyendo) y una susceptibilidad al agrietamiento. Los desarrollos en esta área incluyen la soldadura de láser híbrido, que usa los principios de la soldadura de rayo láser y de la soldadura de arco para incluso mejores propiedades de soldadura.

Geometría

Las soldaduras pueden ser preparadas geométricamente de muchas maneras diferentes. Los cinco tipos básicos de juntas de soldadura son la junta de extremo, la junta de regazo, la junta de esquina, la junta de borde, y la junta-T. Existen otras variaciones, como por ejemplo la preparación de juntas doble-V, caracterizadas por las dos piezas de material cada una que afilándose a un solo punto central en la mitad de su altura. La preparación de juntas solo-U y doble-U son también bastante comunes en lugar de tener bordes rectos como la preparación de juntas solo-V y doble-V, ellas son curvadas, teniendo la forma de una U. Las juntas de regazo también son comúnmente más que dos piezas gruesas dependiendo del proceso usado y del grosor del material, muchas piezas pueden ser soldadas juntas en una geometría de junta de regazo. A menudo, ciertos procesos de soldadura usan exclusivamente o casi exclusivamente diseños de junta particulares. Por ejemplo, la soldadura de punto de resistencia, la soldadura de rayo láser, y la soldadura de rayo de electrones son realizadas más frecuentemente con juntas de regazo. Sin embargo, algunos métodos de soldadura, como la soldadura por arco de metal blindado, son extremadamente versátiles y pueden soldar virtualmente cualquier tipo de junta. Adicionalmente, algunos procesos pueden ser usados para hacer soldaduras multipasos, en las que se permite enfriar una soldadura, y entonces otra soldadura es realizada encima de la primera. Esto permite, por ejemplo, la soldadura de secciones gruesas dispuestas en una preparación de junta solo-V. La sección cruzada de una junta de extremo soldado, con el gris más oscuro representando la zona de la soldadura o la fusión, el gris medio la zona afectada por el calor ZAT, y el gris más claro el material base. Después de soldar, un número de distintas regiones pueden ser identificadas en el área de la soldadura. La soldadura en sí misma es llamada la zona de fusión más específicamente, ésta es donde el metal de relleno fue puesto durante el proceso de la soldadura. Las propiedades de la zona de fusión dependen primariamente del metal de relleno usado, y su compatibilidad con los materiales base. Es rodeada por la zona afectada de calor, el área que tuvo su microestructura y propiedades alteradas por la soldadura. Estas propiedades dependen del comportamiento del material base cuando está sujeto al calor. El metal en esta área es con frecuencia más débil que el material base y la zona de fusión, y es también donde son encontradas las tensiones residuales.

Calidad

Muy a menudo, la medida principal usada para juzgar la calidad de una soldadura es su fortaleza y la fortaleza del material alrededor de ella. Muchos factores distintos influyen en esto, incluyendo el método de soldadura, la cantidad y la concentración de la entrada de calor, el material base, el material de relleno, el material fundente, el diseño del empalme, y las interacciones entre todos estos factores. Para probar la calidad de una soldadura se usan tanto ensayos no destructivos como ensayos destructivos, para verificar que las soldaduras están libres de defectos, tienen niveles aceptables de tensiones y distorsión residuales, y tienen propiedades aceptables de zona afectada por el calor (HAZ). Existen códigos y especificaciones de soldadura para guiar a los soldadores en técnicas apropiadas de soldadura y en cómo juzgar las calidades de estas.

Zona afectada térmicamente

El área azul resulta de la oxidación en una temperatura correspondiente a 316 °C. Esto es una manera precisa de identificar la temperatura, pero no representa el ancho de la zona afectada térmicamente (ZAT). La ZAT es el área estrecha que inmediatamente rodea el metal base soldado. Los efectos de soldar pueden ser perjudiciales en el material rodeando la soldadura. Dependiendo de los materiales usados y la entrada de calor del proceso de soldadura usado, la zona afectada térmicamente (ZAT) puede variar en tamaño y fortaleza. La difusividad térmica del material base es muy importante si la difusividad es alta, la velocidad de enfriamiento del material es alta y la ZAT es relativamente pequeña. Inversamente, una difusividad baja conduce a un enfriamiento más lento y a una ZAT más grande. La cantidad de calor inyectada por el proceso de soldadura también desempeña un papel importante, pues los procesos como la soldadura oxiacetilénica tienen una entrada de calor no concentrado y aumentan el tamaño de la zona afectada. Los procesos como la soldadura por rayo láser tienen una cantidad altamente concentrada y limitada de calor, resultando una ZAT pequeña. La soldadura de arco cae entre estos dos extremos, con los procesos individuales variando algo en entrada de calor. El rendimiento depende del proceso de soldadura usado, con la soldadura de arco de metal revestido teniendo un valor de 0,75; la soldadura por arco metálico con gas y la soldadura de arco sumergido, 0,9; y la soldadura de arco de gas tungsteno, 0,8.

Distorsión y agrietamiento

Los métodos de soldadura que implican derretir el metal en el sitio del empalme son necesariamente propensos a la contracción a medida que el metal calentado se enfría. A su vez, la contracción puede introducir tensiones residuales y tanto distorsión longitudinal como rotatoria. La distorsión puede plantear un problema importante, puesto que el producto final no tiene la forma deseada. Para aliviar la distorsión rotatoria, las piezas de trabajo pueden ser compensadas, de modo que la soldadura dé lugar a una pieza correctamente formada. Otros métodos de limitar la distorsión, como afianzar en el lugar las piezas de trabajo con abrazaderas, causa la acumulación de la tensión residual en la zona afectada térmicamente del material base. Estas tensiones pueden reducir la fuerza del material base, y pueden conducir a la falla catastrófica por agrietamiento frío, como en el caso de varias de las naves Liberty. El agrietamiento en frío está limitado a los aceros, y está asociado a la formación del martensita mientras que la soldadura se enfría. El agrietamiento ocurre en la zona afectada térmicamente del material base. Para reducir la cantidad de distorsión y estrés residual, la cantidad de entrada de calor debe ser limitada, y la secuencia de soldadura usada no debe ser de un extremo directamente al otro, sino algo en segmentos. El otro tipo de agrietamiento, el agrietamiento en caliente o agrietamiento de solidificación, puede ocurrir en todos los metales, y sucede en la zona de fusión de la soldadura. Para disminuir la probabilidad de este tipo de agrietamiento, debe ser evitado el exceso de material restringido, y debe ser usado un material de relleno apropiado.

Soldabilidad

La calidad de una soldadura también depende de la combinación de los materiales usados para el material base y el material de relleno. No todos los metales son adecuados para la soldadura, y no todos los metales de relleno trabajan bien con materiales base, aceptables. Hay que tener en cuenta el 60% del espesor base menor de las placas a unir para uso de uno de los catetos de la soldadura.

Aceros

La soldabilidad de aceros es inversamente proporcional a una propiedad conocida como la templabilidad del acero, que mide la probabilidad de formar la martensita durante el tratamiento de soldadura o calor. La templabildad del acero depende de su composición química, con mayores cantidades de carbono y de otros elementos de aleación resultando en mayor templabildad y por lo tanto una soldabilidad menor. Para poder juzgar las aleaciones compuestas de muchos materiales distintos, se usa una medida conocida como el contenido equivalente de carbono para comparar las soldabilidades relativas de diferentes aleaciones comparando sus propiedades a un acero al carbono simple. El efecto sobre la soldabilidad de elementos como el cromo y el vanadio, mientras que no es tan grande como la del carbono, es por ejemplo más significativa que la del cobre y el níquel. A medida que se eleva el contenido equivalente de carbono, la soldabilidad de la aleación decrece. La desventaja de usar simple carbono y los aceros de baja aleación es su menor resistencia - hay una compensación entre la resistencia del material y la soldabilidad. Los aceros de alta resistencia y baja aleación fueron desarrollados especialmente para los usos en la soldadura durante los años 1970, y estos materiales, generalmente fáciles de soldar tienen buena resistencia, haciéndolos ideales para muchas aplicaciones de soldadura. Debido a su alto contenido de cromo, los aceros inoxidables tienden a comportarse de una manera diferente a otros aceros con respecto a la soldabilidad. Los grados austeníticos de los aceros inoxidables tienden a ser más soldables, pero son especialmente susceptibles a la distorsión debido a su alto coeficiente de expansión térmica. Algunas aleaciones de este tipo son propensas a agrietarse y también a tener una reducida resistencia a la corrosión. Si no está controlada la cantidad de ferrita en la soldadura es posible el agrietamiento caliente. Para aliviar el problema, se usa un electrodo que deposita un metal de soldadura que contiene una cantidad pequeña de ferrita. Otros tipos de aceros inoxidables, tales como los aceros inoxidables ferríticos y martensíticos, no son fácilmente soldables, y a menudo deben ser precalentados y soldados con electrodos especiales.

Aluminio

La soldabilidad de las aleaciones de aluminio varía significativamente dependiendo de la composición química de la aleación usada. Las aleaciones de aluminio son susceptibles al agrietamiento caliente, y para combatir el problema los soldadores aumentan la velocidad de la soldadura para reducir el aporte de calor. El precalentamiento reduce el gradiente de temperatura a través de la zona de soldadura y por lo tanto ayuda a reducir el agrietamiento caliente, pero puede reducir las características mecánicas del material base y no debe ser usado cuando el material base está restringido. El diseño del empalme también puede cambiarse, y puede seleccionarse una aleación de relleno más compatible para disminuir la probabilidad del agrietamiento caliente. Las aleaciones de aluminio también deben ser limpiadas antes de la soldadura, con el objeto de quitar todos los óxidos, aceites, y partículas sueltas de la superficie a ser soldada. Esto es especialmente importante debido a la susceptibilidad de una soldadura de aluminio a la porosidad debido al hidrógeno y a la escoria debido al oxígeno.

Condiciones inusuales
Soldadura subacuática

Aunque muchas aplicaciones de la soldadura se llevan a cabo en ambientes controlados como fábricas y talleres de reparaciones, algunos procesos de soldadura se usan con frecuencia en una amplia variedad de condiciones, como al aire abierto, bajo el agua y en vacíos (como en el espacio). En usos al aire libre, tales como la construcción y la reparación en exteriores, la soldadura de arco de metal blindado es el proceso más común. Los procesos que emplean gases inertes para proteger la soldadura no pueden usarse fácilmente en tales situaciones, porque los movimientos atmosféricos impredecibles pueden dar lugar a una soldadura fallida. La soldadura de arco de metal blindado a menudo también es usada en la soldadura subacuática, en la construcción y la reparación de naves, plataformas costa afuera, y tuberías, pero también otras son comunes, tales como la soldadura de arco con núcleo de fundente y soldadura de arco de tungsteno y gas. Es también posible soldar en el espacio, fue intentado por primera vez en 1969 por cosmonautas rusos, cuando realizaron experimentos para probar la soldadura de arco de metal blindado, la soldadura de arco de plasma, y la soldadura de haz de electrones en un ambiente despresurizado. Se hicieron pruebas adicionales de estos métodos en las siguientes décadas, y hoy en día los investigadores continúan desarrollando métodos para usar otros procesos de soldadura en el espacio, como la soldadura de rayo láser, soldadura por resistencia, y soldadura por fricción. Los avances en estas áreas podrían probar ser indispensables para proyectos como la construcción de la Estación Espacial Internacional, que probablemente utilizará profusamente la soldadura para unir en el espacio las partes manufacturadas en la Tierra.

Seguridad

La soldadura sin las precauciones apropiadas puede ser una práctica peligrosa y dañina para la salud. Sin embargo, con el uso de la nueva tecnología y la protección apropiada, los riesgos de lesión o muerte asociados a la soldadura pueden ser prácticamente eliminados. El riesgo de quemaduras o electrocución es significativo debido a que muchos procedimientos comunes de soldadura implican un arco eléctrico o flama abiertos. Para prevenirlas, las personas que sueldan deben utilizar ropa de protección, como calzado homologado, guantes de cuero gruesos y chaquetas protectoras de mangas largas para evitar la exposición a las chispas, el calor y las posibles llamas. Además, la exposición al brillo del área de la soldadura produce una lesión llamada ojo de arco (queratitis) por efecto de la luz ultravioleta que inflama la córnea y puede quemar las retinas. Las gafas protectoras y los cascos y caretas de soldar con filtros de cristal oscuro se usan para prevenir esta exposición, y en años recientes se han comercializado nuevos modelos de cascos en los que el filtro de cristal es transparente y permite ver el área de trabajo cuando no hay radiación UV, pero se auto oscurece en cuanto esta se produce al iniciarse la soldadura. Para proteger a los espectadores, la ley de seguridad en el trabajo exige que se utilicen mamparas o cortinas translúcidas que rodeen el área de soldadura. Estas cortinas, hechas de una película plástica de cloruro de polivinilo, protegen a los trabajadores cercanos de la exposición a la luz UV del arco eléctrico, pero no deben ser usadas para reemplazar el filtro de cristal usado en los cascos y caretas del soldador. A menudo, los soldadores también se exponen a gases peligrosos y a partículas finas suspendidas en el aire. Los procesos como la soldadura por arco de núcleo fundente y la soldadura por arco metálico blindado producen humo que contiene partículas de varios tipos de óxidos, que en algunos casos pueden producir cuadros médicos como el llamado fiebre del vapor metálico. El tamaño de las partículas en cuestión influye en la toxicidad de los vapores, pues las partículas más pequeñas presentan un peligro mayor. Además, muchos procesos producen vapores y varios gases, comúnmente dióxido de carbono, ozono y metales pesados, que pueden ser peligrosos sin la ventilación y la protección apropiados. Para este tipo de trabajos, se suele llevar mascarilla para partículas de clasificación FFP3, o bien mascarilla para soldadura. Debido al uso de gases comprimidos y llamas, en muchos procesos de soldadura se plantea un riesgo de explosión y fuego. Algunas precauciones comunes incluyen la limitación de la cantidad de oxígeno en el aire y mantener los materiales combustibles lejos del lugar de trabajo.

Costos y tendencias

Como en cualquier proceso industrial, el coste de la soldadura juega un papel crucial en las decisiones de la producción. Muchas variables diferentes afectan el costo total, incluyendo el costo del equipo, el costo de la mano de obra, el costo del material, y el costo de la energía eléctrica. Dependiendo del proceso, el costo del equipo puede variar, desde barato para métodos como la soldadura de arco de metal blindado y la soldadura de oxicombustible, a extremadamente costoso para métodos como la soldadura de rayo láser y la soldadura de haz de electrones. Debido a su alto costo, éstas son solamente usadas en operaciones de alta producción. Similarmente, debido a que la automatización y los robots aumentan los costos del equipo, solamente son implementados cuando es necesaria la alta producción. El costo de la mano de obra depende de la velocidad de deposición (la velocidad de soldadura), del salario por hora y del tiempo total de operación, incluyendo el tiempo de soldar y del manejo de la pieza. El costo de los materiales incluye el costo del material base y de relleno y el costo de los gases de protección. Finalmente, el costo de la energía depende del tiempo del arco y el consumo de energía de la soldadura. Para los métodos manuales de soldadura, los costos de trabajo generalmente son la vasta mayoría del costo total. Como resultado, muchas medidas de ahorro de costo se enfocan en la reducción al mínimo del tiempo de operación. Para hacer esto, pueden seleccionarse procedimientos de soldadura con altas velocidades de deposición y los parámetros de soldadura pueden ajustarse para aumentar la velocidad de la soldadura. La mecanización y la automatización son frecuentemente implementadas para reducir los costos de trabajo, pero, a menudo, con ésta aumenta el costo de equipo y crea tiempo adicional de disposición. Los costos de los materiales tienden a incrementarse cuando son necesarias propiedades especiales en ellos y los costos de la energía normalmente no suman más que un porcentaje del costo total de la soldadura. En años recientes, para reducir al mínimo los costos de trabajo en la manufactura de alta producción, la soldadura industrial se ha vuelto cada vez más automatizada, sobre todo con el uso de robots en la soldadura de punto de resistencia (especialmente en la industria del automóvil) y en la soldadura de arco. En la soldadura robotizada, unos dispositivos mecánicos sostienen el material y realizan la soldadura, y al principio, la soldadura de punto fue su uso más común. Pero la soldadura de arco robótica ha incrementado su popularidad a medida que la tecnología ha avanzado. Otras áreas clave de investigación y desarrollo incluyen la soldadura de materiales distintos (como por ejemplo, acero y aluminio) y los nuevos procesos de soldadura. Además, se desea progresar en que métodos especializados como la soldadura de rayo láser sean prácticos para más aplicaciones, por ejemplo en las industrias aeroespaciales y del automóvil. Los investigadores también tienen la esperanza de entender mejor las frecuentes propiedades impredecibles de las soldaduras, especialmente la microestructura, las tensiones residuales y la tendencia de una soldadura a agrietarse o deformarse.

Soldadura subacuática

Historia de la soldadura

La tecnología de la soldadura se basa en el pensamiento original, tal como en muchas otras disciplinas científicas. El crecimiento de esta rama de la ingeniería se realizó gracias a las contribuciones de hombres comunes, hombres que no dudaron en aplicar cada pizca de conocimiento adquirido, cuando era posible, para resolver problemas prácticos.

¿El Primer Soldador?

Muchos asignan el crédito de ser los precursores de la soldadura a Sir Humphrey Davy quien descubrió el arco eléctrico en 1801 y a Auguste De Meritens con su primera soldadora por arco eléctrico en 1880. Sin embargo Mucho antes de que estos dos distinguidos señores aparecieran en escena, el profesor G. Ch. Lichtenberg (Goettingen 1742-1799) suelda una bobina de reloj y una hoja de cortaplumas mediante arco eléctrico. El suceso es descrito por el profesor Lichtenberg en una carta escrita a su amigo J. A. H. Reinmarius en 1782, en ella describe un proceso de unión mediante electricidad similar al realizado por el arco eléctrico.

Desarrollo Histórico

La historia de la soldadura no estaría completa sin mencionar las contribuciones realizadas por los antiguos metalúrgicos.

Existen manuscritos que detallan el hermoso trabajo en metales realizado en tiempos de los Faraones de Egipto, en el Antiguo Testamento el trabajo en metal se menciona frecuentemente.

En el tiempo del Imperio Romano ya se habían desarrollado algunos procesos, los principales eran soldering brazing y la forja.

La forja fue muy importante en la civilización romana es así como a Volcano, dios del fuego, se le atribuía gran habilidad en este proceso y otras artes realizados con metales.

Primeros Avances

Cronológicamente el desarrollo de la Soldadura fue:

• Soldadura por Forja

• Soldadura por Gas

• Soldadura al Arco Eléctrico

• Soldadura por Resistencia

Soldadura por Forja: Definición

La soldadura por forja, actualmente una arte olvidado, es considerada el primer proceso original para la unión de metales. Consistía en calentar las piezas, y golpearlas hasta que se fusionaban. En el año 1350 a.C. ya existía la soldadura por forja, esto debido a una miniatura de hierro utilizada como apoyo la cual se encontró en el ataúd de faraón Tutankamon. La pieza cuyo peso era aproximadamente 50 gramos, parece haber sido realizada de dos o más pequeñas piezas de hierro que fueron unidas con alguna dificultad. La antigua soldadura por forja (que hoy tiene sus símiles), debió alcanzar su máximo esplendor en el Renacimiento, con la presencia de artesanos con marcada habilidad y producir diferentes piezas por este proceso.

Soldadura por forja: Usos y últimos avances

Los usos más comunes de la soldadura por forja fueron:

- Soldadura por Martillo: (llamada generalmente soldadura "smith").
- Soldadura por Dados.
- Soldadura por Rodillo.

La principal diferencia entre estos procesos fue la manera en que la presión era aplicada.

El primero se explica por sí solo.

En el segundo, la presión se ejercía mediante un mandril.

En la soldadura por rodillo la pieza de trabajo era forzada a fluir a través de rodillos los cuales proporcionaban la presión necesaria Uno de los últimos avances en la soldadura por forja ocurrió a fines de siglo cuando Theodore Fleitman, quien patentó un proceso para fabricar plancha de Níquel-Hierro mediante medios mecánicos.

Las planchas de níquel y hierro se calentaban en una atmósfera de hidrogeno luego de ser pulidas, para luego soldarlas mediante rodillos.

En 1903 Thomas A. Edison patenta una idea similar, pero depositando el níquel en forma electrolítica, las plancha eran calentadas al rojo mediante una corriente eléctrica en una atmósfera de hidrogeno y luego laminadas.

Soldering y Brazing

Los procesos de Soldering y Brazing se utilizaron desde tiempos muy remotos en muchas partes del mundo incluyendo China, Japón, África y Europa. Aunque inicialmente correspondían a fundición de metales de aporte en las partes a unir, más que a los procesos conocidos actualmente, ellos entregaron el conocimiento y la experiencia básica para desarrollar otros procesos como la soldadura por gas.

Procesos de Soldadura por Gas

La llama Oxi-Hidrógeno fue históricamente la primera llama de alta temperatura.

Las primeras llamas se alimentaron con oxígeno generado por Cloruro de potasio y dióxido de manganeso, de la descomposición de peróxido de sodio y potasio con agua, y de otros métodos similares.

El hidrógeno se derivaba del zinc y ácido clorhídrico.

El proceso se podía utilizar en tres formas independientes: Oxi-hidrógeno, Oxigeno-Carbón-Gas y Aire-hidrógeno.

Las tres llamas tenían dos limitaciones básicas

1) Sus relativas bajas temperaturas limitaban el espesor del metal a trabajar que solía ser de ½ pulgada como máximo.

2) Era extremadamente difícil prevenir las soldaduras frágiles debido a la característica altamente oxidante de la llama.

Soldadura por llama Oxiacetilénica

En 1895 el mundo fue informado por un químico francés, Henry Louis Le Chatelier que; la combustión de volúmenes iguales de oxígeno y acetileno producía una llama con la temperatura más alta que cualquier otra llama producida por gas. En un paper presentado a la Academe des Sciences, Le Chatelier describió las propiedades de la llama llamó la atención frente a su carácter no oxidante. En Mayo de ése mismo año el Dr. Carl von Linde facilita la producción de aire del agua en Alemania. Este fue el precursor de los procesos actuales de producción de oxígeno. La unión de ambas investigaciones generó un proceso para unir metales con relativa facilidad. Las investigaciones de Le Chatelier atrajeron la atención de otros investigadores y muchos experimentos se destinaron a encontrar una manera de controlar la llama oxiacetilénica para soldadura. Finalmente en 1903 el proceso de soldadura por llama oxiacetilénica ya era utilizado industrialmente en Europa, tal como lo fue luego en EEUU.

La electricidad impulsa una tecnología

A comienzos de siglo cuando las naciones conquistaban nuevas fronteras para facilitar el crecimiento y desarrollo industrial, una luz brillante apareció en escena; la Electricidad. Prácticamente hablando se puede decir que la soldadura eléctrica comenzó aquel día en 1801 cuando Sir Humphry Davy descubrió que había producido una descarga en miniatura de un rayo. En sus primeros experimentos con electricidad, el encontró que podía generar un arco, nombre que el daría 20 años más tarde, entre dos terminales de un circuito eléctrico. El fenómeno fue exhibido en el Royal Institute of England en 1808. El siguiente paso importante lo dio otro físico inglés, J. P. Joule, cervecero de profesión. Joule desarrolló su relación para disipación de calor de una resistencia eléctrica R y la utilizó para calentar y fundir varios tipos de materiales. En uno de sus hornos eléctricos accidentalmente creó la primera soldadura por resistencia mientras trataba de calentar un manejo de cables enterrados en una caja de carbón en 1856.

Algunos años después, a comienzos de 1860, un inglés llamado Wilde se transformó en la primera persona que intencionalmente unió dos metales mediante electricidad. Trabajando con las teorías de Volta y Davy y las primitivas fuentes de poder disponibles en aquel entonces, exitosamente unió dos pequeñas piezas de hierro. En 1865 registro una patente sobre sus descubrimientos y la primera patente relativa a soldadura eléctrica.

Las primeras soldadoras de arco

En los años 1880 y 1890 se desarrollaron muchas investigaciones sobre el arco eléctrico como fuente de calor para soldadura. Una de las primeras en tener éxito fue la de N. V. Benardos quien patentó la primera soldadora al arco en 1885. Esta poseía un mango aislado para poder moverla mientras se llevaba a cabo la soldadura. Benardos mejoró luego su aparato el cual podía soldar dos placas con la ayuda de un molde para soportar el metal líquido. El arco se creaba entre las placas y el electrodo de carbón, luego una barra de hierro insertada en el arco se fundía y llenaba el espacio entre las placas. El proceso de Benardos se hizo muy popular en Europa, probablemente fue la primera multiestación de soldadura. Benardos construyó este aparato para una empresa francesa. Ella consistía en una dínamo y una gran batería acumulador que producía la corriente para las tres estaciones al mismo tiempo. La máquina conectada en paralelo con la batería, generaba más de 900 amperes. Muchos de los dispositivos creados en esas dos décadas nacieron de los antiguos procesos de soldadura, forja y gas. La pieza de trabajo se monta en dos tableros, con los extremos a unir juntos bajo un arco eléctrico procedente de un electrodo de carbón vertical. Cuando los extremos alcanzan la temperatura precisa, ambas piezas son empujadas y mantenidas en esta posición mediante un mecanismo que mueve ambos cabezales.

Soldadura por resistencia

Con el desarrollo y distribución de la electricidad por las compañías de energía, entre los años 1880 y 1890, el trabajo de Joule en el calentamiento de resistencias eléctricas fue retomado por algunos investigadores. Uno de los que tomó la delantera fue el profesor Elihu Thompson quien es considerado como el padre de la soldadura por resistencia eléctrica. En uno de sus experimentos Thompson utilizaba una bobina simple y una batería para producir una descarga de alta tensión cuyo propósito era la carga de condensadores. Su interés se centró en descubrir que ocurría en el proceso inverso, es decir la descarga fuera desde el condensador hacia la bobina. En este arreglo el devanado secundario estaba hecho de finos alambres, mientras que el primario estaba hecho de gruesos alambres y unidos por delgados contactos. ¿El resultado? La descarga de corriente a través de los finos alambres del secundario con seguridad fundiría los terminales del circuito primario. Durante esos años, Thompson estaba se vio involucrado en una exhaustiva serie de experimentos en aparatos para generar corriente para la lámpara de arco. Este trabajo le quito mucho tiempo y sus experimentos sobre resistencia eléctrica fueron dejados de lado por algunos años. En 1881 algunos cambios en la empresa en donde trabajaba le dieron más tiempo para desarrollar sus ideas sobre soldadura, y entre 1883 y 1885 comenzó a fabricar su aparato soldador acorde con sus primeras ideas. Con una dínamo de C. A. de 3 bobinas que había construido en 1879 y un transformador provisto de abrazaderas para sujetar la pieza a soldar llevo a cabo su experimento original (1885).

A comienzos de 1886 perfeccionó el proceso patentó su invención.

El proceso original era utilizado para realizar sólo soldaduras de tope, y para unir piezas de metal de igual área.

Resistencia la mayor fuerza en la producción

Henry Ford fue uno de los mayores propulsores de la soldadura y pionero en muchas aplicaciones en el campo automotriz.

En 1928 los equipos de soldadura por resistencia utilizados por Ford incluían 320 soldadoras flash, 540 soldadoras de punto y 25 soldadoras de costura. Su tasa de producción era de 200.000 soldaduras flash/día y aprox. 3 millones de soldaduras de punto/día.

Electrodos metálicos

En 1888 el ruso N. G. Slawianoff desarrolla un método para soldar aleaciones ferrosas con una barra metálica utilizada como electrodo.

Electrodos Recubiertos

En 1910 el sueco Oscar Kjelberg produjo el primer electrodo recubierto, el cual mejoró notablemente la calidad del metal soldado.

El fundente del recubrimiento al fundirse formaba un gas que protegía el metal líquido del aire, previniendo de esta manera las reacciones de fragilización al enfriarse la soldadura.

Grabado del s. XVI realizado por Jost Amman

Soldador de envases en una fábrica de Francia. S XIX.

Vulcano forjando un yelmo. De la "Eneida" de Heinrich von
Waldech, s. XIII. (Actualmente en Berlín)

Procedimientos de unión por soldadura

Soldadura es la técnica o procedimiento que se emplea para unir dos a más piezas; para ello se emplea el calor. Dependiendo de la técnica de soldadura el calor es empleado para fundir las piezas a soldar, el material de aporte a la soldadura o ambos cosas a la vez. Existen procesos de soldadura en frío: mediante componentes químicos (adhesivos) se logran mezclas que son capaces de unir dos materiales de la misma naturaleza (por ejemplo, plásticos) o de naturaleza distinta (plásticos con metales). El calor necesario para la soldadura puede ser generado por varias fuentes, dependiendo de la técnica de soldadura a emplear: electricidad por arco eléctrico o por efecto joule y por la combustión de un gas con la aportación de combustible y comburente o la sola aportación del combustible.

Soldadura blanda

Concepto de soldadura blanda

Aplicación sobre distintos materiales La soldadura blanda por capilaridad consiste en la unión de dos piezas que encajan perfectamente una en la otra, utilizando otro metal de aportación que funde a una temperatura menor que las piezas a unir. Al enfriar, esta unión será capaz de resistir a todos los movimientos de alargamiento, torsión y doblado, sin que se produzca alteración de dicha unión con el tiempo y bajo las condiciones para las cuales se ha efectuado la soldadura (presión, temperatura, etc.). El metal de aportación, que está en estado líquido, corre por las paredes de contacto de las dos piezas encajadas por el efecto de capilaridad, y cuando se deja enfriar ha cubierto los mínimos huecos que pudiera haber entre las piezas encajadas. Para que el metal de aportación fluya con facilidad por entre las piezas a soldar es necesario que éstas estén completamente limpias y desengrasadas, operación que se realiza físicamente lijando y limpiando el material, y químicamente, aplicando un gel llamado decapante. Este tipo de soldadura está muy extendida en las instalaciones de fontanería, calefacción y climatización, generalmente en las conducciones de fluidos a temperaturas y presiones moderadas. Es lógico pensar que si el punto de fusión del material de aportación es bajo, el elemento que esté soldado no debería trabajar a temperaturas elevadas, ya que si se funde o se acerca al punto de fusión del material de aporte la soldadura perdería toda su resistencia.

Tipos de soldadura blanda

La soldadura blanda por fusión consiste en la unión de dos piezas, generalmente tubos de plomo, fundiendo el material de las dos piezas para unirlas; una vez fundida la zona de contacto de las dos piezas, éstas se mezclan y al enfriar forman una sola pieza. La soldadura blanda por fusión y aporte de material metálico es la misma técnica que la anterior pero añadiendo material del mismo tipo del que estamos soldando. Los dos tipos de soldadura anteriores se comentan a modo de información; en adelante no se estudiarán, por ser una técnica casi en desuso actualmente, porque las tuberías de plomo no se instalan en obra nueva e instalaciones y en raras ocasiones nos encontraremos con reparaciones en instalaciones muy antiguas. La soldadura blanda por capilaridad une dos piezas calentándolas y añadiendo un material de aporte con punto de fusión más bajo en estado líquido, que al enfriarse y solidificar hará de nexo de unión entre las dos piezas.

-Soldadura por termofusión: une dos piezas de material plástico, que al ser puestas en contacto con un material a temperatura superior a la de fusión, se funde la zona de soldadura de las piezas a soldar y puestas en contacto se mezclan y forman una sola pieza.

-Soldadura por electrofusión: utiliza manguitos electrosoldables, que son piezas de plástico que llevan una resistencia eléctrica incorporada en la zona de contacto de las piezas a soldar; al hacer pasar una corriente eléctrica por ellas se calientan y por efecto joule se provoca la fusión y soldadura de las piezas.

Simbología utilizada en las técnicas de soldadura blanda

Las indicaciones que se deben realizar en la soldadura por capilaridad blanda son:

- Accesorios a utilizar.

- Tipo de aleación aplicable a la soldadura.

- Diámetro de la tubería y del accesorio.

- Tipo accesorio (curva, te, reducción, etc.).

- Material del accesorio (latón, cobre, etc.).

Materiales de aportación según el material que se quiere soldar

El material de aportación depende del tipo de soldadura a realizar, incluso hay técnicas de soldadura blanda que no requieren aporte de material, y para distinguirlo vamos a dividir las distintas posibilidades en los grupos de soldadura blanda a emplear. En la soldadura de tuberías de polipropileno no se usa material de aportación y en las soldaduras por capilaridad sí. El estaño puro funde a 232° C y el plomo puro a 327° C, pero la aleación de los dos metales a 40-60% funde a 190° C. El estaño puro funde a 232° C y el plomo puro a 327° C, pero la aleación de los dos metales a 40-60% funde a 190° C.

La elección de la aleación para soldar cobre

El cobre es un metal importante en la construcción debido a sus muchas propiedades: manejabilidad y resistencia a la corrosión medioambiental. Para su soldadura es importante escoger una aleación con el punto de fusión lo más bajo posible, pero cumpliendo las condiciones para las cuales haya sido elegido. La razón es que el cobre pierde su dureza a temperaturas altas, perdiendo parte de sus cualidades características. Por ello, siempre que se pueda escoger, es preferible una soldadura blanda que una fuerte. En el caso de diámetros de tubo superiores a 50 m/m o de gran longitud, debe emplearse soldadura fuerte y también debe emplearse este tipo de soldadura cuando la temperatura de trabajo alcance los 110° C. En todos los casos deben evitarse temperaturas innecesariamente altas, así como un tiempo de aplicación de calor excesivo.

En la soldadura blanda de cobre, con aleaciones de estaño, encontramos, mientras que la esperada para una soldadura fuerte es de 25Kg/mm a 20° C una tensión de rotura de 5Kgs/mm La elección de la aleación es muy importante, pues los valores de rotura de la unión varían de forma sustancial en función de su contenido. Veamos dos casos extremos: para una aleación estaño/plomo a 90° C tendremos un valor de rotura de la mitad de la que tenía a 20° C, mientras que para una aleación de estaño/plata (5%), a 100° C tendrá un valor de rotura de 6Kg/mm Esto quiere decir que si durante su función la aleación no va a tener que soportar temperaturas altas, se podría escoger una aleación de estaño-plomo, pero si la temperatura va a ser alta, este tipo de aleación no va a ser adecuada.

Aleaciones de estaño con	Con	Margen de fusión	Forma comercial
Plata	3,5%	221°-222°C	Carrete de hilo 2 mm.
Plata	6%	221°-235°C	Carrete de hilo 2 mm.
Cobre	3%	221°-230°C	Carrete de hilo 2 mm.
Plomo	33%	183°-249°C	Carrete de hilo 3 mm. y barra de 5 mm.
Plomo	50%	183°-216°C	Carrete de hilo 3 mm. y barra de 5 mm

Aleaciones para la soldadura blanda de metales cúpricos
y no cúpricos con aleaciones de estaño

Aleaciones Estaño-Plata

De entre las aleaciones con Norma UNE 37-403-86 de estaño-plata, cabe resaltar la SnAg3,5 con 3,5% de plata y con un punto eutéctico de fusión de 221° C, y la SnAg5 con 5% de plata, con una temperatura ligeramente superior.

Las ventajas del estaño-plata

Esta soldadura tiene propiedades extraordinarias para las conducciones de agua caliente, tanto sanitarias como de calefacción. Con esta aleación la temperatura puede alcanzar los 175° C sin que se alteren sus propiedades. La utilización de esta aleación elimina el peligro que desarrollan los compuestos nocivos que contienen plomo. Su brillo duradero lo hace recomendable para unión en joyería e inoxidables. La temperatura particularmente baja para soldar hace que esta aleación sea una alternativa interesante a la soldadura fuerte, tanto por su menor costo, como por su mayor facilidad de realizarla.

Los inconvenientes del estaño-plata

El costo de esta aleación es sensiblemente mayor que el de las aleaciones estaño-plomo y estaño-cobre.

Recomendaciones de uso

Esta aleación está recomendada para:

-Instalaciones de calefacción central y conducciones de agua caliente, en las cuales las temperaturas sean altas y los cambios de éstas puedan producir contracciones bruscas en las soldaduras.

-Conducciones de uso alimentario y de agua potable.

Aleaciones estaño-cobre

De estas aleaciones sólo cabe resaltar la SnCu3, con 3% de cobre y con un punto eutéctico de fusión de 232° C. Esta soldadura es un intento de cambiar la plata, que es más cara, por el cobre, pero esto no ha dado mejores resultados. La temperatura máxima de utilización en este caso tiene que quedar a 110° C, sensiblemente inferior a la de 175° C que tenía la de estaño-plata. A pesar de tener un punto de fusión de 232° C, sólo se consigue una completa miscibilidad del cobre y el estaño a 320° C, por lo cual la temperatura de la soldadura ha de ser de unos 100° C más que la de la aleación estaño-plata.

Recomendaciones de uso

Esta aleación está recomendada para:

-Instalaciones de calefacción central con temperaturas de trabajo inferiores a 110° C y conducciones de agua caliente, en las cuales las temperaturas no sean altas y los cambios de éstas no puedan producir contracciones bruscas en las soldaduras.

-Conducciones de uso alimentario y de agua potable.

Aleaciones estaño-plomo

En el pasado ha sido la más utilizada por su bajo punto de fusión, pero la investigación ha demostrado que tanto el plomo como el estaño, cuando está aleado con él, se disuelven en el agua, por lo que es peligroso emplearlo para uso sanitario. De todas las posibles combinaciones, las más utilizadas son la 67/33 (SnPb) y la 50/50.

Recomendaciones de uso

Aleación 67/33 (estaño-plomo): tiene un intervalo de fusión 183-249. Este alto intervalo de fusión hace que se emplee esta aleación como idónea para el estañado de material laminado.

Aleación 50/50 (estaño-plomo): tiene un intervalo de fusión más corto, de 183-216° C, lo que hace que se pueda emplear en circuitos de calefacción con una temperatura máxima de utilización de 90° C.

Preparación de las piezas que se van a soldar

Para conseguir la unión mediante la fusión de la aleación, hay que conseguir que cuando ésta licúe, fluya, mojando al metal de tal forma que lo cubra completamente. Esta adherencia depende de la limpieza que haya entre la capa externa del metal y la parte de la aleación fundida que cubre a éste. Esto quiere decir que si entre el metal base y la aleación aportada hay algo que impida una unión íntima, la soldadura quedará defectuosa, pues la aleación no se habrá difundido completamente. Esta es muchas veces la razón por la cual falla el proceso de soldadura. Para obtener una superficie limpia del metal se pueden emplear fundamentalmente dos métodos, mecánicos o químicos. La limpieza mecánica no es otra cosa que ayudarse con un cepillo o un estropajo metálico, y mediante fricción eliminar las impurezas y el óxido de metal de la superficie, dejando a éste libre de cualquier impedimento para que la aleación funda libremente sobre él. Durante la limpieza mecánica, se raya ligeramente la superficie del metal, produciendo surcos microscópicos, lo cual aumenta el área de la superficie de metal; esta rugosidad favorece enormemente el aumento de adhesión de la aleación sobre el metal, pues hay más superficie donde hacerlo. La limpieza química consiste en productos químicos, a base de ácidos o productos que reaccionan con el óxido del metal, eliminándolo de la superficie del mismo. Una vez la superficie del metal está "limpia" de impurezas, óxido o residuos de éste, todavía no se puede proceder al calentamiento del metal de la aleación, pues hay que proteger al metal de la formación de nuevo óxido durante el calentamiento. Este producto que impide la formación del óxido durante el calentamiento y, por consiguiente, hace que las superficies estén limpias durante todo el proceso de la soldadura, se denomina "decapante" o "flux". Ya que el decapante o flux tiende a impedir la formación de óxido entre las superficies a soldar, es evidente que durante su aplicación hay que asegurarse que esté distribuido de forma uniforme por toda la zona en donde la aleación deba fluir.

Carrete Estaño-Plomo

Técnicas de soldadura blanda sobre metales

Describiremos la técnica de soldadura por capilaridad, que es con diferencia la más usada en las instalaciones de climatización, calefacción y fontanería.

El proceso de soldeo se puede resumir en los siguientes puntos:

1º. Cortar con el cortatubo a la medida deseada.

2º. Limpiar la rebaba que se haya formado al realizar el corte; esto se logra por medio del escariador. El cortatubo va provisto de una cuchilla triangular que sirve para escariar el tubo, es decir, quitar la rebaba.

3º. Comprobar que está limpio el interior de la pieza a y el exterior del tubo, con lana de acero o lija.

4º. Aplicar una capa delgada y uniforme de pasta fundente (decapante) en el exterior del tubo; esto se hace con un cepillo o brocha, nunca con los dedos.

5º. Introducir el tubo en la conexión hasta el tope, girando a uno y otro lado para que la pasta se distribuya uniformemente.

6º. Aplicar la llama del soplete en la unión, tratando de realizar un calentamiento uniforme; si es necesario, girar el soplete lentamente alrededor de la unión probando con la punta del cordón de soldadura la temperatura de fusión, después retirar la llama cuando se coloque el estaño y viceversa.

7º. Cuando se llegue a la temperatura de fusión de la soldadura, ésta pasará al estado líquido, que fluirá por el espacio capilar; cuando éste se encuentre ocupado por la soldadura, se formará un anillo alrededor de la conexión, lográndose soldar perfectamente.

8º. Finalmente, quitar el exceso de soldadura con estopa seca, haciendo esta operación únicamente rozando las piezas unidas, es decir sin provocar ningún movimiento en éstas, ya que de hacerlo podrían romper la soldadura que está solidificando.

Es importante no permitir que durante el proceso de la soldadura haya "sobrecalentamiento" y posiblemente la destrucción del decapante o flux, por lo que éste no podría disolver los óxidos que se formasen durante el calentamiento y seguidamente eliminarlos. Este problema aparece con demasiada frecuencia en las soldaduras que fallan. Para evitar este "sobrecalentamiento" es aconsejable que comprobemos continuamente si hemos alcanzado la temperatura de fusión de la aleación, acercando la misma a la zona caliente a unir, o, mejor aún, utilizar una mezcla de decapante y aleación en polvo. El cobre pierde sus propiedades mecánicas si es sobrecalentado. Es importante no sobredimensionar la fuente de calor, como por ejemplo, aplicando un soplete de oxiacetilénico para soldar un fitting de 12. Es importante saber qué producto se tiene entre manos.

Las Normativas son importantes

La seguridad también es un asunto importante a tener en cuenta durante la soldadura, pues tanto los fluxes como las aleaciones contienen a menudo productos nocivos. Los decapantes o fluxes, en su aplicación en frío o en su calentamiento durante la soldadura, se descomponen en productos potencialmente tóxicos y dañinos para la salud bajo forma de vapores. Se recomienda por todo ello que se trabaje en sitios bien ventilados y asegurándose que el fabricante cumple con las normas de toxicidad vigentes, así como leerse todas las características descritas en la etiqueta. En algunos países es necesaria la aprobación mediante normativa de las autoridades, para la utilización de fluxes en conducciones de cobre para agua y gas, como medida preventiva de sustancias nocivas.

Técnicas de soldadura blanda sobre plásticos

Las uniones entre tubos y accesorios de Polipropileno se realizan mediante soldadura de dos maneras diferentes:

-Soldadura por termofusión con el empleo de un polifusor.

-Soldadura por electrofusión utilizando manguitos electrosoldables.

La diferencia entre ambos métodos es que en la soldadura por termofusión se calienta tubo y accesorio mediante el empleo de una resistencia eléctrica externa ejecutando el montaje una vez calentados los mismos. En cambio, en la soldadura por electrofusión primero se introduce el tubo en el manguito de electrofusión, que ya lleva insertada una resistencia eléctrica, y posteriormente se hace circular una corriente eléctrica a través de esta resistencia, lo que genera el calor suficiente como para realizar la soldadura.

Soldadura por termofusión

A. Precauciones a tener en cuenta con el polifusor y sus matrices:

-Usar las herramientas específicas que cada fabricante aconseja para sus productos.

-Colocar las matrices en la máquina cuando se encuentre fría.

-Enchufar el polifusor a la red eléctrica, esperar a que se calienten las matrices hasta 260° C.

-La soldadura de las tuberías de Polipropileno se realiza a unos 260° C, por lo que habrá que tomar las precauciones necesarias para no quemarse.

-Una vez que la herramienta se haya desconectado de la red eléctrica, esperar a que ésta se enfríe.

-Nunca enfriarla con agua, ya que además de existir peligro de accidente pueden dañarse los componentes electrónicos de la herramienta.

-La herramienta sólo debe usarse en ambiente seco, nunca bajo lluvia o gotas de agua.

Proceso de soldadura por termofusión

1° Prepare la herramienta de soldadura.

2° El corte de la tubería debe realizarse con una tijera adecuada de forma que el corte sea limpio y en ángulo recto.

3º Retire la viruta resultante del corte y limpie la superficie del tubo.

4º Marque la profundidad de soldadura con una galga y un rotulador.

5º Introduzca el tubo y accesorio a soldar en la herramienta ya caliente hasta la profundidad de soldadura anteriormente marcada. Se deben respetar los tiempos de calentamiento especificados por el fabricante. Un calentamiento excesivo puede provocar la obstrucción de la tubería.

6º Una vez terminado el calentamiento, unir rápidamente el tubo y el accesorio hasta la profundidad de soldadura anteriormente marcada, ejerciendo una ligera presión. El conjunto tubo-accesorio debe estar perfectamente alineado a fin de evitar posibles tensiones en la unión. Durante el tiempo de termofusión, no girar el conjunto tubo-accesorio.

7º Respetar los tiempos de enfriamiento antes de someter la tubería a presión.

Diámetro exterior mm.	Profundidad soldadura (mm)	Tiempo calentamiento (Seg.)	Tiempo manipulación (Seg.)	Tiempo enfriamiento (Min.)
16	13	5	4	2
20	14	5	4	2
25	15	7	4	2
32	16,5	8	6	4
40	18	12	6	4
50	20	18	6	4
63	24	24	8	6
75	26	30	8	8
90	29	40	8	8
110	32,5	50	10	8

Tabla de parámetros de soldadura por termofusión
según la norma alemana DVS 2207 aptdo. 1

Instrucciones de soldadura con manguitos de electrofusión

1º Corte los tubos rectangularmente.

2º Asiente los tubos con una herramienta adecuada (cuchilla o rasqueta).

En esta fase de trabajo debe rasparse una capa fina del tubo, poniendo atención a que el diámetro del tubo no se reduzca por debajo del valor nominal.

3º Achaflane o bien desbarbe los tubos con una herramienta adecuada (cuchilla, rasqueta).

4º Desengrase cuidadosamente los extremos de tubos y electromanguitos en el área de soldadura utilizando un pañuelo de limpieza empapado en alcohol. Bajo ninguna circunstancia deberán utilizarse para la limpieza disolventes a base de aceite.

5º Para garantizar la posición central del área de soldadura, marque las profundidades de inserción de los tubos con un lápiz, orientando los casquillos de unión lo más que se pueda hacia arriba (giro hasta 45° permitido).

6º Apriete los cables de soldadura.

7º Inicie el aporte de corriente con el aparato de soldadura.

8º Durante el proceso de soldadura, asegure una posición libre de tensión y absolutamente axial del electromanguito con respecto al tubo.

9º Durante el proceso de soldadura proteja la zona de soldadura contra humedad y mojadura (en el interior y exterior).

10º Evite cargas (tensión, golpes, humedad,...) sobre la zona de soldadura durante la fase de enfriamiento (por lo menos, 10 minutos).

11º La instalación no deberá ponerse en servicio sino hasta que haya transcurrido por lo menos una hora.

Normas de seguridad exigibles en el proceso de soldadura blanda

La manipulación del soplete de butano o propano en el proceso de soldadura puede provocar diversas patologías en el operario, entre la que destacan:

-Quemaduras físicas y químicas.

-Atmósfera anaerobia (con falta de oxígeno) producida por gases inertes.

-Atmósferas tóxicas, irritantes.

-Caída de objetos y/o de máquinas.

-Cuerpos extraños en ojos.

-Deflagraciones.

-Explosiones.

-Exposición a fuentes luminosas peligrosas.

-Golpes y/o cortes con objetos y/o maquinaria.

-Incendios.

-Inhalación de sustancias tóxicas.

En el uso de equipos de soldadura de butano o propano, se comprobará que todos los equipos disponen de los siguientes elementos de seguridad:

-Filtro:

Dispositivo que evita el paso de impurezas extrañas que puede arrastrar el gas. Este filtro deberá estar

situado a la entrada del gas en cada uno de los dispositivos de seguridad.

-Válvula antirretroceso de llama:

Dispositivo que evita el paso del gas en sentido contrario al flujo normal.

-Válvula de cierre de gas:

Dispositivo que se coloca sobre la empuñadura y que detiene automáticamente la circulación del gas al dejar de presionar la palanca.

La normativa de seguridad es amplia y variada; en general, el trabajador deberá respetarla por su seguridad y la de su entorno.

Algunas leyes y reglamentos de prevención de riesgos laborales que son de aplicación a este tipo de trabajos:

-Normativa

Ley de prevención de riesgos laborales (Ley 31/95 de 8/11/95).

Reglamento de los servicios de prevención (R.D. 39/97 de 7/1/97).

Orden de desarrollo del R.S.P. (27/6/97).

Disposiciones mínimas en materia de señalización de seguridad y salud en el trabajo (R.D.485/97 de 14/4/97).

Disposiciones mínimas de seguridad y salud en los lugares de trabajo (R.D. 486/97 de 14/4/97).

Disposiciones mínimas de seguridad y salud relativas a la manipulación de cargas que entrañen riesgos, en particular dorso-lumbares, para los trabajadores (R.D. 487/97 de 14/4/97).

Exposición a agentes cancerígenos durante el trabajo (R.D. 665/97 de 12/5/97).

Disposiciones mínimas de seguridad y salud relativas a la utilización por los trabajadores de equipos de protección individual (R.D. 773/97 de 30/5/97).

Disposiciones mínimas de seguridad y salud para la utilización por los trabajadores de los equipos de trabajo (R.D. 1215/97 de 18/7/97).

Ordenanza laboral de la construcción vidrio y cerámica (O.M. de 28/8/70).

Ordenanza general de higiene y seguridad en el trabajo (O.M. de 9/3/71).

Reglamento general de seguridad e higiene en el trabajo (O.M. de 31/1/40)

Reglamento electrotécnico para baja tensión (R.D. 2413 de 20/9/71).

O.M. 9/4/86 Sobre riesgos del plomo.

Soldadura eléctrica en atmósferas naturales y protegidas

Soldadura eléctrica: concepto y aplicaciones

En esta sección estudiaremos las soldaduras eléctricas que producen arco eléctrico como fuente de calor. El arco eléctrico se produce al cerrarse un circuito eléctrico a través del aire caliente, entre dos puntos que tienen diferente potencial; este arco produce gran cantidad de calor que es aprovechado para fundir las piezas a soldar y, en su caso, el material de aportación. La soldadura provoca altas temperaturas y funde los metales; en estas condiciones, los metales reaccionan con el oxígeno de la atmósfera provocando óxidos, que con el paso del tiempo perjudicarán a los materiales en ese punto. Existen varios métodos de soldadura, pero todos ellos prevén este problema y aportan una solución distinta para evitar que el metal esté en contacto con la atmósfera cuando se encuentra a temperaturas tan elevadas. La soldadura de arco con electrodo revestido aporta la protección al material de aporte, el electrodo; a la vez que se descompone el electrodo va depositando sobre la soldadura una escoria que hace de capa protectora de la soldadura. Las soldaduras

TIG, MIG y MAG aporta al punto de soldadura un gas inerte que desplaza la atmósfera con el oxígeno, y refrigerando la zona.

Simbología usada en técnicas de soldadura eléctrica
Cuando nace la soldadura y se aplica al ámbito de la industria y la construcción se hace necesario crear un lenguaje de símbolos que sea conocido por todos, eso permitirá que las indicaciones en planos sean trasladadas del proyectista al ejecutor. Para lograr este entendimiento, se ha normalizado la representación de los distintos tipos de soldadura. Como la técnica de la soldadura es compleja y no vale simplemente decir que se quiere soldar una determinada pieza, hay que dar más datos: resistencia de la soldadura, cara en la que se va a soldar, penetración, etc.

Los conceptos que se representan son:
- Clase de cordón, sección y espesor.
- Realización y disposición del cordón.
- Preparación de las piezas.
- Acabado del cordón.

La soldadura en la vista longitudinal se representa por una línea continua y gruesa o, si se quiere destacar el cordón, se añaden unos trazos rectos y paralelos, o unos pequeños arcos que se pueden cerrar con una línea muy fina.

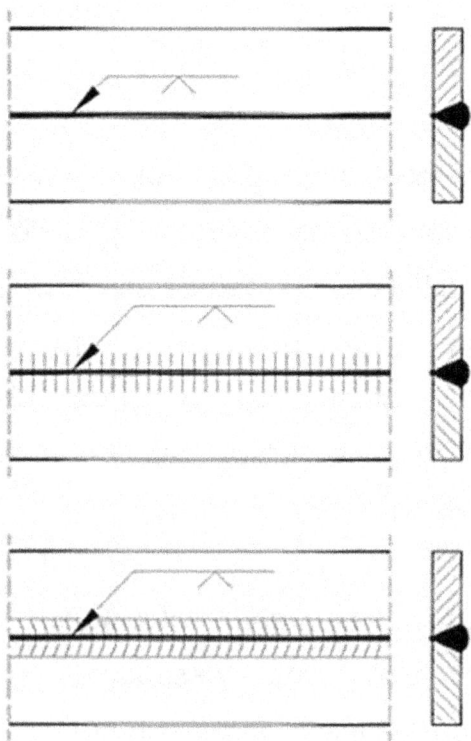

SIMBOLO   RESULTADO

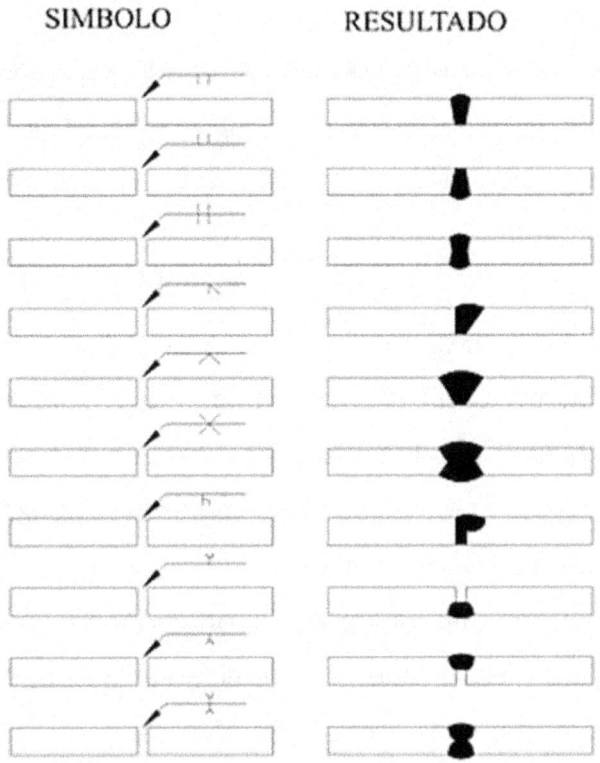

Simbología usada en las soldaduras a tope

Electrodos de aportación según el material que se va a soldar y el tipo de soldadura.

En todos los casos de soldaduras homogéneas el material de aportación debe ser de la misma naturaleza que las piezas a soldar, acero al carbono, acero inoxidable, aluminio, etc. Distinguiremos los electrodos por si van o no recubiertos y por su forma física, así tenemos:

-Electrodos recubiertos con material de protección, son de unos 30 cm. aproximadamente y se presentan en varios espesores, están compuestos por una varilla central que está rodeada por el material de recubrimiento.

-Electrodos de alambre, se usan en las soldaduras MIG y MAG, su diámetro oscila entre 0.4 y 1.6 mm.

Su diámetro varía proporcionalmente con el espesor de las piezas a soldar, se presenta en bobinas de hilo que va recubierto de un material cobrizo para aumentar su conductividad.

-El electrodo de varilla de aportación se usa en la soldadura TIG, que al realizarse la aportación manualmente es la forma más cómoda.

Espesor < 4 mm. sin chaflan.

12 mm > Espesor > 4 mm. sin chaflan
en V, dos chaflanes 30° total 60°.

Espesor > 12 mm. chaflan en X
Chaflanes de 30°.

Espesor > 12 mm. chaflan en V
dos Chaflanes de 45°, total 90°.

Recubrimiento de los materiales de aportación

Electrodos recubiertos para la soldadura por arco metálico El sistema de soldadura eléctrica con electrodo revestido mantiene un arco eléctrico entre el electrodo y la pieza a soldar. Está constituido por una varilla metálica llamada alma, revestida de sustancias no metálicas.

El revestimiento proporciona varias funciones:

• Función eléctrica del recubrimiento.

• Función física de la escoria.

• Función metalúrgica del recubrimiento.

• Función eléctrica del recubrimiento.

Dar al arco de la soldadura estabilidad, ionizando los gases que constituyen el arco; esto se consigue con las sales, de sodio, potasio y bario.

Favorecer el cebado y mantenimiento del arco.

Función física de los recubrimientos.

Facilitar la soldadura en las diversas posiciones en que puede ser necesario ejecutarla.

La más complicada es la soldadura de techo; en ella se usan electrodos.

Tienen un recubrimiento cuyo componente característico es la celulosa, cuya descomposición da una mezcla de gases reductores, principalmente hidrógeno, que se descompone en hidrógeno atómico. Estos electrodos se conocen como volátiles.

Función metalúrgica de los recubrimientos.

Proteger el metal de la oxidación, primero aislándolo de la atmósfera oxidante que rodea el arco y después recubriéndolo con una capa de escoria mientras se enfría y solidifica.

Clasificación de los electrodos recubiertos atendiendo a la composición de su recubrimiento

• Electrodos volátiles.

• Electrodos ácidos.

• Electrodos a base de óxido de titanio, o electrodos de rutilo.

• Electrodos básicos.

• Electrodos de gran rendimiento.

-Electrodos volátiles

Permiten soldar en todas las posiciones, y dan una cierta penetración gracias a la reacción, con gran desprendimiento de calor del hidrogeno.

-Electrodos ácidos

Los recubrimientos de esta clase de electrodos están constituidos principalmente por mezclas de óxido de hierro y sílice, a las que se añade en algunos casos óxido de manganeso o ferromanganeso. Este tipo de recubrimiento protege los electrodos dando un arco muy estable, y haciendo posible un buen funcionamiento, tanto con corriente alterna, como continua, así como que la tensión de cebado del arco sea baja.

-Electrodos a base de óxido de titanio o electrodos de rutilo

Él óxido de titanio del recubrimiento tiene como misión reforzar la acción de sus otros componentes y estabilizar el arco; estos electrodos son utilizados en todas las posiciones, en soldadura vertical se puede hacer un cordón de buena calidad, las características mecánicas que se obtienen con este tipo de electrodos en la soldadura son mejores que las obtenidas con los electrodos ácidos.

-Electrodos básicos

Los electrodos básicos tienen el recubrimiento constituido principalmente por carbonatos, como es el carbonato de calcio y el de magnesio, cuya misión es, entre otras, reforzar el poder reductor del manganeso, silicio y titanio.

Los electrodos básicos permiten obtener soldaduras de alta velocidad y en todas las posiciones, con un alargamiento y una resiliencia muy elevadas, sin embargo el aspecto del cordón es más bombeado y rugoso que el que se obtiene con electrodos ácidos. Cuando se utilizan con corriente continua, el polo positivo debe conectarse al electrodo.

-Electrodos de gran rendimiento

Estos electrodos son llamados así por el hecho de que el metal depositado por fusión es superior a la del alma del electrodo.

Los electrodos de gran rendimiento son fabricados con una adición de polvo de hierro en la composición del revestimiento; este revestimiento es ácido, de gran espesor, con un rendimiento de 1,60 a 1,80 veces más que el peso del alma del electrodo; este tipo de electrodos sólo se pueden utilizar en soldaduras horizontales.

También existen electrodos de gran rendimiento, con revestimiento básico, y dan un rendimiento de 1,20 veces el peso del alma del electrodo; este tipo de electrodos tienen la ventaja de permitir realizar soldaduras en todas las posiciones, con características similares a las que se obtienen con electrodos básicos de revestimiento normal.

Preparación de las piezas que se van a soldar

Una buena preparación de las piezas a soldar es fundamental para la realización de la soldadura con éxito. Antes de proceder a la soldadura se deben realizar las siguientes operaciones:

Limpieza de las superficies

Se deben cepillar con un cepillo metálico o con la radial las superficies a soldar, quitar los óxidos y cualquier impureza que exista, grasas, polvo, restos de pintura, etc.

Achaflanado

En las piezas de 4 mm de grosor e inferior no es necesario achaflanar los bordes a unir. Cuando se realice la soldadura la distancia entre ellos será igual a la mitad de su grosor. La soldadura exige que exista una penetración; si las piezas a soldar son muy gruesas la penetración no se puede realizar en todo el grosor, esto obliga a que los bordes sean achaflanados para abrir paso a la soldadura y que la penetración sea total. Esta operación se puede realizar manualmente con una radial de mano o bien con máquinas especiales para esta función. Hasta 10-12 mm de espesor se realiza el chaflán en V, que consiste en realizar un rebaje de 30° en cada cato de la piezas a soldar, que una vez unidas dejan un hueco de 60°, si la pieza es más gruesa se deberá realizar un achaflanado en X por las dos caras de la soldadura, pero si no se tiene acceso a las dos caras entonces el achaflanado de preparación será de 45° así tendremos un hueco de 90°.

Equipos de soldadura eléctrica

• Equipos de soldadura por arco con electrodo revestido.

- Trasformadores.

- Rectificadores.

• Equipos de soldadura TIG.

• Equipos de soldadura MIG y MAG.

Equipos de soldadura por arco con electrodo revestido

Para la soldadura efectiva por arco, se requiere una corriente constante.

La demanda por corriente en la soldadura por arco la potencia fluctúa mucho. Cuando se establece el arco con el electrodo, el resultado es un cortocircuito lo que produce un aumento instantáneo de corriente eléctrica; las máquinas se diseñan para evitar este fenómeno, cuando las gotas de metal para soldar se llevan a través del flujo del arco, éstas también producen un cortocircuito. Una fuente de corriente constante está diseñada para reducir estos picos de corriente originados por cortocircuitos y así evitar excesivas salpicaduras durante la soldadura. El voltaje cuando la máquina está disponible pero no se está soldando (circuito abierto) es mucho más alto que el voltaje de arco, cuando está trabajando

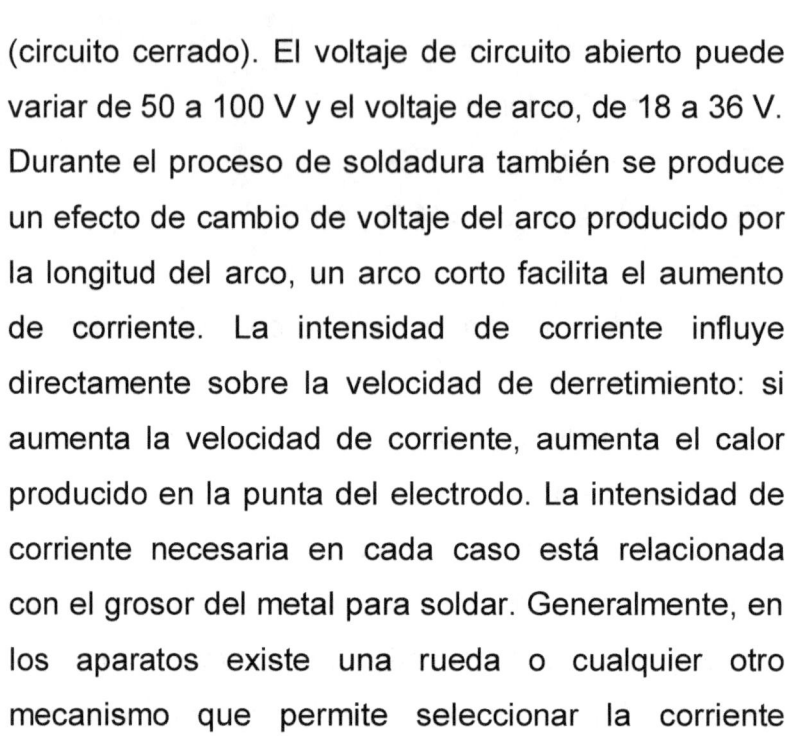

(circuito cerrado). El voltaje de circuito abierto puede variar de 50 a 100 V y el voltaje de arco, de 18 a 36 V. Durante el proceso de soldadura también se produce un efecto de cambio de voltaje del arco producido por la longitud del arco, un arco corto facilita el aumento de corriente. La intensidad de corriente influye directamente sobre la velocidad de derretimiento: si aumenta la velocidad de corriente, aumenta el calor producido en la punta del electrodo. La intensidad de corriente necesaria en cada caso está relacionada con el grosor del metal para soldar. Generalmente, en los aparatos existe una rueda o cualquier otro mecanismo que permite seleccionar la corriente deseada. Un control ajusta la máquina para un ajuste aproximado de corriente y otro control proporciona un ajuste más preciso de corriente. Básicamente son dos los tipos de equipos de soldadura más utilizados en la soldadura por arco:

• Transformadores - para corriente alterna.

• Rectificadores - para selección de corriente (alterna o continua).

Los tamaños de los equipos de soldar dependen del tipo de soldadura y el tiempo que se vaya a utilizar continuamente el equipo. En general para seleccionar un equipo deberemos de tener en cuenta:

-150-200 amperios- Para soldadura pequeñas a media.

-250-300 amperios- Para requerimientos normales de soldadura.

- 400-600 amperios- Para soldadura grande y pesada.

Características de equipo de soldadura pequeños (http://www.imcoinsa.es)				
		Para Hobby	Semi Profes.	Semi Profes.
Datos Técnicos	Modelo	IMCO-140	IMCO-160	IMCO-190-T
	Ref.	OS14	OS16	OS19
Alimentación Monofásica		220 V.	220 V.	220/380 V.
		50 Hz.	50 Hz.	50 Hz
Intensidad de Soldadura		45 a 140	55 a 160	55 a 190
Potencia de la Alimentación		2,5	3	3,5
LARGO (mm)		370	420	420
ANCHO (mm)		260	280	280
ALTO (mm)		300	330	330
Tensión Máxima en Vacío Amp.		48	48	48
Capacidad de soldadura		1,50 Ø 40 E/hora		
Nº de electrodos hora		2 Ø 20 E/hora		2 Ø 50 E/hora
Ø Electrodo		2,50 Ø 13 E/hora(br3,2 5 Ø 5 E/hora)	2,50 Ø 24 E/hora	2,50 Ø 31 E/hora
			3,25 Ø 12 E/hora	3,25 Ø 14 E/hora
Peso en Kg. con Accesorios		15	18	18,5

Datos técnicos equipos de soldadura medianos (http://www.imcoinsa.es)

Modelo	IMCO-200-T	IMCO-220-T-COB Transf. con Hilo de Cobre
Referencia	OS20	OS22
Tensión de alimentación	220/380 V. -50 Hz. Monofásica	220/380 V. -50 Hz. Monofásica
Campo de Reglaje en Amp.	60 a 200	40 a 240
Tensión Secundaria en V.	48 V.	(1) 48 V. / (2) 70 V
Intens. Máx. de Soldadura	200 AMPS.	240 AMPS.
Potencia de la Alimentación al límite en Kw.	4,5	5
Capacidad de soldadura Electrodos de 1,50 Ø	100%	100%
Capacidad de soldadura Electrodos de 2,50 Ø	60%	100%
Capacidad de soldadura Electrodos de 3,25 Ø	35%	100%
Capacidad de soldadura Electrodos de 4 Ø	20%	60%
Capacidad de soldadura Electrodos de 5 I Ø	10%	30%
Peso en Kg. sin Accesorios	24	39

(1) Para electrodo escorrebola rutile

(2) Para electrodo básico

NOTA: Nos reservamos el derecho de efectuar modificaciones sin previo aviso.

Transformador

El equipo que produce corriente alterna está alimentado de la red eléctrica y suele tener un interruptor para seleccionar el voltaje de la red 220/380V. El transformador CA más sencillo tiene una bobina primaria y una bobina secundaria con un ajuste para regular la salida de corriente. Permite reducir la tensión de la red hasta 60-80 V y permite regular la intensidad, de esta manera los movimientos del electrodo acercándose o alargándose no afectan excesivamente la intensidad de corriente, permitiendo tener una soldadura más homogénea.

Transformador para soldador portátil

Rectificadores

Los rectificadores son transformadores que contienen un dispositivo eléctrico que cambia la corriente alterna en corriente continua o directa.

Los rectificadores para la soldadura por arco generalmente son del tipo de corriente constante, donde la corriente para soldar queda razonablemente constante para pequeñas variaciones en la longitud del arco.

Los rectificadores están construidos para proporcionar corriente directa solamente, o ambas, corriente directa y alterna.

Por medio de un interruptor puede variarse y proporcionar corriente continua o corriente alterna, cambiando la conexión de la pinza portaelectrodo, y la de masa se puede cambiar de corriente directa a corriente inversa, simplemente cambiaremos la polaridad.

En la actualidad, los dos materiales rectificadores utilizados para los equipos de soldadura son el selenio y el silicio. Ambos son excelentes, aunque el silicio muchas veces permitirá operar con densidades de corriente más altas.

Equipo rectificador

Tipos de corriente

Arco en corriente continua

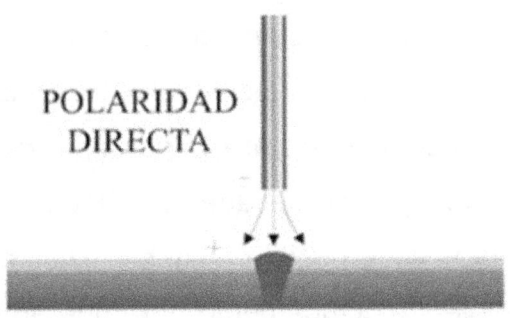

Arco en corriente alterna

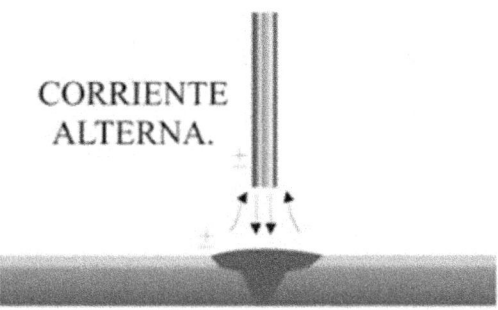

Pinza portaelectrodo

El portaelectrodo es una pinza que está comunicada eléctricamente con el equipo de soldadura. Su función es sujetar el electrodo haciéndole llegar la corriente eléctrica con seguridad para el operario; debe de ser de fácil manejo y poco pesada para hacer el trabajo lo menos penoso posible; debe estar aislado térmicamente y eléctricamente para que no se queme la mano del operario y no produzca desvíos del arco

---

eléctrico. El portaelectrodos no debe apoyarse nunca sobre la pieza a soldar, sobre el banco de trabajo ni sobre ningún elemento que esté conectado eléctricamente a la masa del equipo de soldar: de ser así, se produciría la chispa y el aparato entraría en cortocircuito.

Pinza para puesta a tierra o de masa

La pinza de masa o de puesta a tierra es un elemento fundamental del equipo de soldadura. Su función es cerrar el circuito eléctrico entre el electrodo y la pieza a soldar; se puede conectar directamente en la pieza o sobre el banco de trabajo metálico.

Equipos de soldadura TIG

El equipo de soldadura TIG es muy parecido al de soldadura por corriente continua, de hecho, los equipos más comunes en el mercado que sueldan con TIG también lo hacen con electrodo.

Cuenta con los siguientes elementos:

- Fuente de alimentación y unidad de alta frecuencia.
- Pistola.
- Electrodo.

- Suministro de gas de protección.

Fuente de alimentación y unidad de alta frecuencia

Está compuesta por un transformador que proporciona tensión constante, consiguiendo que las variaciones no afecten a la intensidad de la corriente; estos equipos permiten trabajar en corriente continua directa e inversa y en corriente alterna.

El inicio del arco se produce con un generador de alta frecuencia, que provoca un cebado más sencillo sin tener que tocar con el electrodo la pieza; previo al inicio del proceso de soldeo el equipo acciona una válvula que abre el conducto de gas protector y lo cierra un poco después de acabar de soldar.

Pistola

La función de la pistola es dirigir la soldadura; sujeta el electrodo de tungsteno que conduce la corriente eléctrica y lo rodea con gas a través de una boquilla

cerámica. Tiene un botón que da la orden de inicio y final de la soldadura.

Electrodo

El electrodo de la soldadura TIG no es consumible y tiene la función de crear el arco eléctrico. Está fabricado de materiales de elevado punto de fusión, como son el tungsteno o aleaciones de tungsteno. El electrodo alcanza temperaturas elevadísimas y hay que seleccionarlo para que no se llegue a producir la bola en la punta. Seguiremos los siguientes criterios en el momento de seleccionar el tipo de electrodo que necesitamos.

Criterios de selección de electrodos de tungsteno

Tipo de electrodos	Aplicaciones	Estabilidad del arco	Cebado del arco	Vida útil del electrodo	Resistencia a la temperatura
Tungsteno Puro	Aleaciones ligeras (corriente alterna)	**	*	*	*
Tungsteno al Tório	Aceros no-aleados y aceros inoxidables	*	***	**	**
Tungsteno al Cério	(corriente continua)	**	*	**	**
Tungsteno al Lantano		**	***	***	***

*** excelente

** bueno

* adecuado

El diámetro del electrodo hay que seleccionarlo por la intensidad máxima que soporta sin destruirse. Tendrá que ser mayor cuanta más intensidad pase por él; puede usarse la tabla de selección como referencia:

Selección del diámetro y la intensidad del electrodo de tungsteno.

Diámetro (mm)	Intensidad (A) (1)	Intensidad (A)(2)
1	10-80	18537
1,6	50-120	40-80
2	90-190	60-110
2,4	100-230	70-120
2,5	100-230	70-120
3,2	170-300	90-180
4	260-450	160-240
4,8	400-650	200-300
5	400-650	200-300
6	600-800	300-450

(1) Aceros no-aleados y aceros inoxidables.
(2) Para aleaciones ligeras.

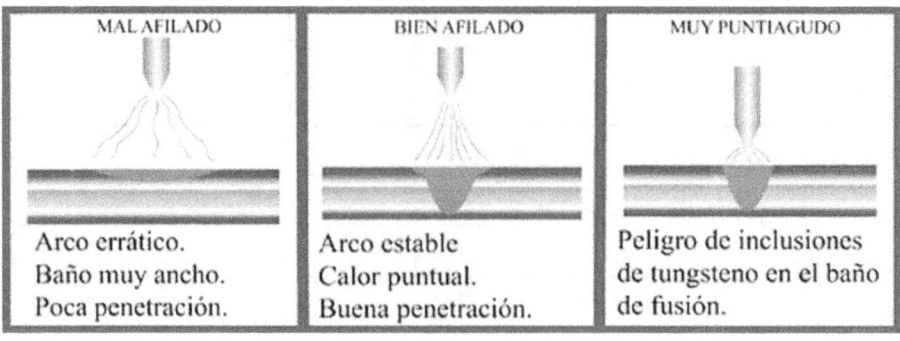

MAL AFILADO	BIEN AFILADO	MUY PUNTIAGUDO
Arco errático. Baño muy ancho. Poca penetración.	Arco estable. Calor puntual. Buena penetración.	Peligro de inclusiones de tungsteno en el baño de fusión.

Suministro de gas de protección

El gas protector se usa para crear una atmósfera alrededor de la soldadura que evite el contacto de la atmósfera con la misma; para ello, la pistola dispone de un chorro de gas en la punta que se pone en marcha cuando el proceso de la soldadura está activo. La soldadura es protegida de las reacciones químicas de oxidación que se producirían a tan elevadas temperaturas; los gases más utilizados son el argón el helio y una mezcla de ambos. El gas de protección está almacenado en una botella a elevada presión; para salir de la misma se debe activar la electroválvula, que está cerrada cuando no se está soldando; la presión del gas se reduce con una válvula reductora de presión para adecuarla a la presión de uso; un conducto que generalmente va unido al cable eléctrico transporta el gas desde la botella hasta la pistola y, por último, ésta lo dirige al punto mismo de la soldadura.

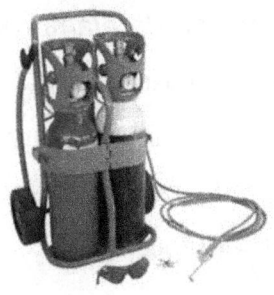

Equipos de soldadura MIG y MAG

La composición de los equipos MIG y MAG es la siguiente:

- Fuente de alimentación.

- Sistema de alimentación del alambre-electrodo.

- Reductor de presión y caudalímetro.

- Pistola de soldar.

- Botella de gas de protección.

Fuente de alimentación

Es un transformador- rectificador de corriente continua. Dispone de un control de regulación de la tensión (entre 15 y 40 Voltios aproximadamente), y un variador de intensidad entre 60 y 500 Amperios; este rango viene determinado por la potencia de la máquina y del fabricante. La regulación de la fuente de alimentación se debe realizar para que el electrodo que suministra el sistema sea fundido.

Sistema de alimentación de alambre-electrodo

La función de este mecanismo es suministrar el material de aportación a la soldadura a una velocidad que estará coordinada con la intensidad de corriente suministrada por el equipo.

Básicamente se compone de:

-Devanadera o soporte del carrete.

Soporta el carrete de hilo, le permite girar pero a la vez lo frena para evitar que siga saliendo hilo una vez acabada la soldadura.

-Guía del alambre.

Guía el alambre desde el carrete hasta el sistema de tracción.

-Sistema de tracción del alambre.

Es el elemento que impulsa el alambre desde el carrete hasta la pistola; son dos rodillos que giran accionados por un motor.

-Sistema de guiado y conector de la pistola.

Está formado por una serie de conductos y conductores eléctricos cuya función es:

• Desplazar el gas protector de la botella a la pistola.

• Desplazar el alambre desde el sistema de tracción hasta la pistola.

• Conectar eléctricamente la pistola con el equipo de soldadura.

• Conectar eléctricamente los cables de maniobra con el equipo.

Reductor de presión y caudalímetro

A la salida de la botella, el gas protector se encuentra este dispositivo con doble función; por una parte, nos indica la presión de la botella y, por otra, nos permite regular el caudal de salida de gas (Litros/minuto).

El caudal de gas protector debería de ser aproximadamente unas diez veces el diámetro del hilo del electrodo; si el caudal es el correcto, podremos proteger con garantías la soldadura.

-Manómetro regulador de presión y caudalimetro

Se utilizan para asistir a máquinas semiautomáticas tipo M.I.G., M.A.G. o T.I.G. con aporte de alambre.

El gas que asiste a esta máquina varía de acuerdo al material que se quiera soldar y según la calidad de soldadura que se quiera obtener.

La regulación de caudal debe ser aproximadamente:

Diametro del hilo en mm.	Caudal en litros por minuto.
0,6	6
0,8	8
1	10
1,2	12
1,6	16

Manómetro digital

Pistola de soldar

La pistola es el elemento que controla el proceso de la soldadura; por ella sale el gas que protege la soldadura, el hilo del material de aportación y la corriente que provoca el arco eléctrico. Hay dos tipos, que son las más usadas: las de cuello de cisne y la antorcha. Dependiendo del modelo, fabricante y solicitaciones a la que estará prevista, la pistola llevará o no refrigeración por agua. El cuerpo de la pistola, que está aislado eléctricamente y es metálico, permite dirigir el hilo hasta el punto de soldadura. El interruptor pone en marcha el sistema de soldeo, acciona la corriente eléctrica, da orden de apertura del gas y de alimentación del hilo del electrodo.

El tubo de contacto, que está situado en la punta de la pistola, dirige en el último tramo el hilo y le transmite la corriente eléctrica; al estar sometido a rozamiento y calor, es una pieza que tiene desgaste y hay que reponer con cierta asiduidad. La boquilla que sujeta al tubo está sometida al exterior, debe ser resistente a los golpes y a la temperatura; está fabricada con materiales que no permiten la adherencia de las proyecciones de soldadura.

Botellas de gas de protección

En la soldadura MIG se usan el Gas argón y el helio, como aplicación más extendida para soldar metales no férreos, aluminio, magnesio y sus aleaciones. La soldadura MAG emplea dióxido de carbono en estado puro o mezclado con argón o helio.

Argón

El argón es un gas incoloro, inodoro, insípido y no tóxico. El argón, junto con el helio, el neón, criptón, el xenón y el radón también es conocido como un "gas raro". El argón no forma ningún compuesto químico conocido. El gas es 1.38 veces más pesado que el aire y es ligeramente soluble en el agua.

Las aplicaciones del argón más comúnmente utilizadas son basadas en sus propiedades inertes para protección contra el efecto oxidante del aire. El argón se usa ampliamente como un gas de protección en procesos de soldadura, ya sea soldando o cortando. También usa para llenar las lámparas incandescentes y fluorescentes. En su presencia, el cebado de la soldadura es fácil y el arco se mantiene estable; tiene una baja conductividad térmica, lo que provoca que los cordones de soldadura sean estrechos y de poca penetración. La ojiva de la botella de argón es de color amarillo.

Helio

El helio es otro miembro del grupo conocido como "gases raros", y no tiene ningún color, olor o sabor. El helio es el segundo elemento más ligero, mucho más ligero que el aire. Es químicamente inerte, tiene la solubilidad baja en el agua y no puede hacer se quemar o explotar. El helio es el líquido conocido más frío: -434.5° F. Aunque es el segundo elemento más abundante, es difícil de extraer de su fuente. La mayoría del helio se extrae de fuentes de gas natural que contienen de 1% a 7% por el volumen. Estos tipos de depósitos de gas natural son poco comunes; sólo se encuentran en ciertas áreas de los Estados Unidos, Canadá, Polonia y Rusia. Linde está construyendo una nueva planta en Argelia que superará la capacidad de producción del mundo en un 10%. Las aplicaciones de helio utilizan su frío, las propiedades inertes o flotantes, principalmente. Como un agente congelante, se usa el helio en la investigación científica básica, en resonancia magnética y en procesos de producción. También se usa en aplicaciones de corte y soldadura y en los equipos láser. En la detección de fugas, en el buceo profundo y, obviamente, en los globos. Por su baja densidad presenta más dificultad para proteger el arco y da poca estabilidad y mal cebado al arco. Como tiene una conductividad térmica elevada permite realizar cordones de soldadura anchos y de buena penetración.

Dióxido de carbono

El dióxido de carbono es un gas ligeramente tóxico, inodoro, incoloro y con un sabor ligeramente picante, agrio. No soporta la combustión. Es 1.52 veces más pesado que el aire y es muy soluble en el agua, mientras forma ácido carbónico. El dióxido de carbono sublimará a la presión atmosférica, y a -109° F forma sólido (el hielo seco). El dióxido de carbono se forma naturalmente por la descomposición de material orgánico, a través de la combustión, fermentación y digestión.

También se produce como un derivado de muchos procesos industriales, como el funcionamiento de horno de cal y producción de materiales, incluso el amoníaco y magnesio.

El dióxido de carbono tiene muchas aplicaciones basadas en sus distintas propiedades. Se usa ampliamente en el sector de alimentos para congelar, y para el control del pH.

También se usa en el área química, para el control de pH en las plantas de tratamiento de agua, como gas de protección en procesos de soldadura, estimula el crecimiento biológico y como un agente extintor de fuego.

Es económico y tiene alta conductividad térmica, permite un buen cebado y cordones con buena penetración; es el empleado en soldadura de los aceros tipo MAG.

Técnicas de soldadura eléctrica sobre metales férricos y aleaciones

Las tres técnicas más usadas en soldadura por arco eléctrico.

- Soldadura eléctrica en atmósferas naturales.

- Soldadura TIG.

- Soldaduras MIG y MAG.

Soldadura eléctrica en atmósferas naturales

Este tipo de soldadura usa como fuente de calor un arco voltaico entre el electrodo o la pieza; se ceba el electrodo manualmente, se rasca sobre una pieza de sacrificio haciendo saltar la chispa y calentando el aire en torno del electrodo, de esta manera es conductor de la electricidad y se puede establecer el arco. Se utiliza en aparatos de soldar capaces de producir corriente alterna, también se suelda con corriente continua. Para proteger la soldadura de la atmósfera usa la escoria y los gases producidos al fundir el electrodo y su recubrimiento. Se usa para soldar chapas de espesores medianos y gruesos, tubería, estructura metálica, calderas, depósitos, maquinaria, etc. Es válido para soldar aceros al carbono, aceros aleados y aceros inoxidables.

Soldadura TIG

Es un proceso de soldadura homogéneo; usa como fuente de calor el arco eléctrico producido entre la pieza y el electrodo no consumible de tungsteno o sus aleaciones, llegando a alcanzar unos 4.500° C. Aunque existen instalaciones semiautomáticas, las más extendidas son las manuales; se debe tener la precaución de mantener separado el electrodo de la pieza a soldar para evitar contaminaciones del mismo con el baño. La separación para producir el arco es de unos 3 mm que aumentarán una vez el arco esté estable a 5 mm para producir el arco se activa un mecanismo que aumenta la frecuencia de la corriente eléctrica, fenómeno que produce un cebado correcto sin tener que hacer contacto entre la pieza y el electrodo. Utiliza el gas argón o el helio como inertizante de la atmósfera. Se usa generalmente para el soldeo de espesores finos hasta 6 mm permitiendo la soldadura de todos los metales usados en la industria excepto el zinc, el berilio y sus aleaciones.

Soldadura MIG/MAG

La soldadura MIG, acrónimo de "Metal Inerte Gas", y la MAG, "Metal activo gas", se realizan utilizando el calor generado por un arco voltaico que se establece entre el electrodo de hilo y la pieza; su temperatura es de unos 4.500° C, trabaja con corriente alterna, con corriente continua, preferentemente de polaridad inversa. Nos podemos encontrar instalaciones manuales, automáticas y semiautomáticas.

La soldadura MIG usa argón, helio o mezclas de ambos para proteger la atmósfera y la soldadura MAG usa el dióxido de carbono. Se usa en la soldadura de espesores medios y gruesos de aceros y aluminio.

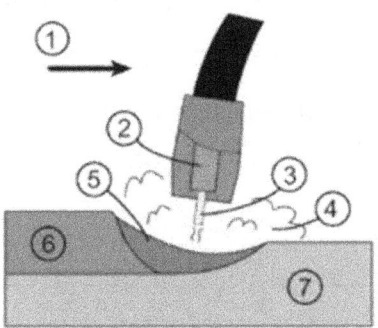

Área de soldado.
(1) Dirección de avance
(2) Tubo de contacto
(3) Electrodo
(4) Gas
(5) Metal derretido de soldadura
(6) Metal de soldadura solidificado
(7) Pieza a soldar.

Elementos de la Soldadura MIG

COMPARATIVA DE LOS DISTINTOS PROCESOS DE SOLDEO POR ARCO ELÉCTRICO		
Proceso ANSI/AWS-EN	Arco eléctrico con electrodo revestido. ANSI/AWS: **SMAW** EN: **111**	TIG (Tungsteno inerte gas) ANSI/AWS: **GTAW** AN: **141**	MIG/MAG (Metal Inerte Gas/ Metal Activo Gas) ANSI/AWS: **GMAW** EN: **131** (MIG) EN: **135** (MAG)
Fuente de calor	Arco voltaico entre electrodo y pieza. CA. Mayor economía CC: Arco más estable y mejor.	Arco voltaico entre electrodo no fusible y pieza (4.500°C) CA. Aluminio. CC. Polaridad directa el resto de metales.	Arco voltaico entre hilo y pieza (4.500°C) CC. Preferentemente polaridad inversa.
Mecánica	Proceso manual, al cebar el electrodo con la pieza salta el arco generando el calor necesario para fundir el alma del electrodo que hace de metal de aportación.	Proceso manual, debe mantenerse la distancia entre el electrodo no consumible y la pieza. El aporte también se realiza manualmente. Existen instalaciones semiautomáticas.	Proceso manual, pero también mecánico y semiautomático. El aporte se realiza de forma automática. La generación de corriente permite depositar material en vuelo libre o gotas.
Agente de recubrimiento	Proceso manual, al cebar el electrodo con la pieza salta el arco generando el calor necesario para fundir el alma del electrodo que hace de metal de aportación.	Gas inerte (Argón o Helio)	MIG (Gas inerte argon o helio) MAG (Gas activo Argón mezclado con dióxido de carbono)
Esquema			
Aplicaciones	Espesores medios y gruesos en aceros al carbono, aleados e inoxidables. Todo tipo de posiciones	Espesores finos (1-6 mm) Todos los metales de la industria mecánica excepto Zn y Be y sus aleaciones.	Espesores medios y gruesos. Aceros y aluminio.
Uso industrial	Soldadura homogénea de aceros al carbono. Aleados e inoxidables. Estructuras. Deposito, calderas, tuberías.	Metales ferrosos y soldadura de aceros aleados. Chapas, depósitos, tuberías	Soldadura homogénea de aceros al carbono e inoxidables Estructuras, cerrajería.

Normas de seguridad exigibles
en el proceso de soldadura eléctrica

Riesgos a los que está sometido un operario que realiza soldadura eléctrica

· Contacto con la energía eléctrica.

· Erosiones en las manos.

· Cortes.

· Quemaduras.

· Golpes con fragmentos en el cuerpo.

· Los derivados de la rotura del disco.

· Los derivados de los trabajos con polvo ambiental.

· Pisadas sobre materiales.

· Ruido.

· Radiación infrarroja.

· Radiación ultravioleta.

· Incendio.

· Explosiones.

· Humos metálicos (cadmio).

· Dióxido de nitrógeno.

· Monóxido de carbono.

· Fluoruros.

· Ozono.

Medidas preventivas

-Elija siempre el disco adecuado para el material a rozar.

-No intente rozar en zonas poco accesibles ni en posición inclinada lateralmente; el disco puede fracturase y producirle lesiones.

-No golpee con el disco al mismo tiempo que corta, por ello no va a ir más deprisa.

-Sustituya inmediatamente los discos gastados o agrietados.

-No desmonte nunca la protección normalizada del disco ni corte sin ella.

-Estarán protegidas mediante doble aislamiento eléctrico.

-En obras en construcción: el suministro eléctrico a la rozadora se efectuará mediante manguera anti-humedad a partir del cuadro general, dotada con clavijas macho-hembra estancas.

-No coja con las manos las piezas hasta que estén frías.

-Protéjase la vista de las chispas de soldadura en todo momento.

-No puntee la soldadura sin las gafas de protección.

-No apure excesivamente los electrodos de aporte manual.

-No apoye la pinza de soldar sobre cualquier zona que pudiera estar comunicada a masa.

-No toque nunca simultáneamente la pinza y la masa.

-No se realizarán trabajos de soldadura utilizando lentes de contacto.

-Se comprobará que las caretas no estén deterioradas, puesto que si así fuera no cumplirían su función.

-Verificar que el cristal de las caretas sea el adecuado para la tarea que se va a realizar.

-Para picar la escoria o cepillar la soldadura se protegerán los ojos.

-Los ayudantes y aquellos que se encuentren a corta distancia de las soldaduras deberán usar gafas con cristales especiales.

-Cuando sea posible, se utilizarán pantallas o mamparas alrededor del puesto de soldadura.

-Para colocar los electrodos se utilizarán siempre guantes, y se desconectará la máquina.

-La pinza deberá estar lo suficientemente aislada, y cuando esté bajo tensión deberá tomarse con guantes.

Equipo de protección individual a utilizar

- · Casco protector en obras.

- · Calzado de seguridad.

- · Guante de cuero.

- · Gafas antiimpacto.

- · Protectores auditivos.

- · En su caso, mascarilla Tipo I contra el polvo.

- · Filtros en las pantallas de soldadura.

- · Pantalla de soldadura.

Descripción de algunos equipos de protección

Filtros de las pantallas de soldadura

Los filtros de las pantallas de soldadura son elementos que sirven para proteger la vista de las radiaciones nocivas que producen los procesos de soldadura. Éstos deben proteger de los rayos UV producidos por el arco eléctrico y de las radiaciones visibles producidas por la fusión de metales en la soldadura a la llama y en el oxicorte. Deben estar certificados por la norma EN 169, y así debe constar mediante un grabado en el propio filtro junto con el marcado CE. La calidad óptica y la coloración verdosa permiten una visión sin distorsiones e impiden el cansancio de la vista en todos los procesos de soldadura y corte. Los cubrefiltros colocados en la parte anterior del filtro están destinados a prolongar la vida útil del filtro. Pueden ser incoloros o con tratamiento específico anticalórico, pero en cualquier caso deben estar certificados bajo la Norma EN 166. Ésta debe encontrarse grabada en el propio cubrefiltro junto con el marcado CE. Para obtener una adecuada protección ha de utilizarse la tonalidad de cristal adecuada a cada proceso de soldadura y corte, según detallamos en la tabla siguiente. Puede ser peligroso usar filtros de un grado de protección demasiado elevado (demasiado oscuro) porque esto obligaría al operario a mantenerse demasiado cerca de la fuente de radiación y respirar humos nocivos. Los ayudantes de soldadores o las personas que permanezcan en las zonas donde se efectúan trabajos de soldadura deben ser protegidos; a estos efectos, pueden utilizarse los filtros de grado de protección 1,2 a 4. Si el ayudante del soldador se encuentra a la misma distancia del arco que el soldador, debe utilizar un filtro con igual grado de protección que el soldador. Pantallas de soldadura-oxicorte para protección facial. Las pantallas de soldadura son el soporte físico en el que han de ir encajados los filtros y cubrefiltros de soldadura, además de ofrecer una protección adicional a la cara además de a los ojos. Existen diversos modelos a elegir, desde las pantallas de soldadura de mano, pasando por las pantallas de soldadura de cabeza hasta las pantallas de soldadura con casco incorporado. Las pantallas de soldadura deben estar certificadas bajo la norma EN 175, y ésta, junto con el marcado CE, debe encontrarse grabada en la propia pantalla.

Guantes de protección para soldadura

Un guante de protección para soldadura es aquel que protege a la persona que está realizando la soldadura de padecer cualquier tipo de contacto térmico o agresión de tipo mecánica derivada de este tipo de actividad. Cuando hablamos de soldadura nos referimos tanto a soldadura al arco eléctrico como a soldadura oxiacetilénica. Marcados y qué normas deben cumplir los guantes de protección para soldadura. Aparte del obligatorio marcado CE conforme a lo dispuesto en el RD 1407/1992 y modificaciones posteriores, el guante debe ir marcado con los siguientes elementos, según lo exigido en la norma UNE- EN 420:

A. Nombre, marca registrada u otro medio de identificación del fabricante o representante autorizado.

B. Denominación del guante (nombre comercial o código, que permita al usuario identificar el producto con la gama del fabricante o su representante autorizado).

C. Talla.

D. Fecha de caducidad, si las prestaciones protectoras pueden verse afectadas significativamente por el envejecimiento.

Además, se marcará con los correspondientes pictogramas según las normas UNE EN 388 y UNE EN 407:

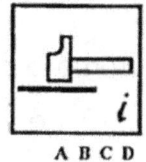 A B C D	Mecánica según norma EN 388	 A B C D E F	Térmica según norma EN 407
A: resistencia a la ABRASIÓN 4650 ciclos. NIVEL 3 **B**: resistencia al CORTE factor 4.0. NIVEL 2. **C**: resistencia al DESGARRO 88 N. NIVEL 4. **D**: resistencia a la PENETRACIÓN 186 N. NIVEL 4		**A**: INFLAMABILIDAD: NIVEL 4. **B**: calor por CONTACTO: 64 seg (100°C). NIVEL 1. **C**: calor CONVECTIVO: HT1 11 seg. NIVEL 3 **D**: calor RADIANTE: 20 seg. NIVEL 1. **E**: salpicaduras de METAL FUNDIDO: > 35 gotas. NIVEL 4. **F**: grandes proyecciones de metal fundido: no adecuado frente a este riesgo.	

Prestaciones

Los guantes de protección para labores de soldadura deberán cumplir con resistencia a la abrasión, resistencia al rasgado, resistencia al corte y resistencia a la penetración (Norma UNE EN 388).

Por otro lado, deberá proteger contra el calor de contacto, el calor radiante, el calor convectivo y contra cierto nivel de salpicaduras de metal fundido (Norma UNE EN 407).

No deberá usarse este tipo de guantes en puestos en los que los riesgos presentes no sean los propios de labores de soldadura o de riesgos mecánicos, como por ejemplo, riesgos químicos o eléctricos.

El guante de protección para labores de soldadura será un guante que reunirá las siguientes características:

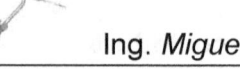
- Será un guante de 5 dedos (no manoplas).

- Será de cuero serraje cuprón curtido al cromo o de palma en flor vacuno. En ambos casos será de un mínimo de 1.5 mm de espesor extra flexible (la piel de vacuno es la que mejores niveles de prestaciones y protecciones ofrece frente a los riesgos que se pueden presentar durante el desarrollo de labores de soldadura).

- Deberá contar con manga larga de serraje crupón curtido al cromo de unos 20 cm.

- Deberá estar totalmente forrado.

- Deberá estar cosido en su totalidad por hilo Kevlar, estando a su vez las costuras protegidas.

- Deberá poder lavarse industrialmente en seco cuando su estado así lo aconseje.

Prendas de protección para soldadura

Las prendas de protección para labores de soldadura tienen por objeto proteger al usuario contra las pequeñas proyecciones de metal fundido y el contacto de corta duración con una llama, y están destinadas a llevarse continuamente 8 horas a temperatura ambiente, pero no protegen necesariamente contra las proyecciones gruesas de metal en operaciones de fundición.

Marcados y qué normas deben cumplir las prendas de protección para soldadura

Aparte del obligatorio marcado CE, conforme a lo dispuesto en el RD 1407/1992 y modificaciones posteriores, las prendas deben ir marcadas con los siguientes elementos, según lo exigido en la norma UNE- EN 420:

-Nombre, marca registrada u otro medio de identificación del fabricante o representante autorizado.

-Denominación del tipo de producto, nombre comercial o referencia.

-Talla.

-Normas aplicables.

-Variación dimensional (sólo si es superior al 3%).

-Iconos de lavado y mantenimiento.

-Nº máximo de ciclos de limpieza.

-Se marcará con el correspondiente pictograma según la norma UNE EN 470-1:

A: INFLAMABILIDAD: NIVEL 4. **B**: calor por CONTACTO: 64 seg (100ºC). NIVEL 1. **C**: calor CONVECTIVO: HT1 11 seg. NIVEL 3. **D**: calor RADIANTE: 20 seg. NIVEL 1. **E**: salpicaduras de METAL FUNDIDO: > 35 gotas. NIVEL 4. **F**: grandes proyecciones de metal fundido: no adecuado frente a este riesgo.

A B C D E F

Prestaciones

Para que una prenda ofrezca protección a cualquier persona que esté efectuando labores de soldadura deberá cumplir los siguientes requisitos:

a) Propagación limitada de la llama

- No arderá nunca hasta los bordes.

- No se formará agujero.

- No se desprenderán restos inflamados o fundidos.

- El tiempo de postcombustión será menor o igual a 2 segundos.

- El tiempo medio de incandescencia será menor o igual a 2 segundos.

b) Resistencia a pequeñas proyecciones de metal fundido:

-Se deben necesitar al menos 15 gotas de metal fundido para elevar en 40° C la temperatura de la prenda.

-No deberá usarse este tipo de prendas en puestos en los que los riesgos presentes no sean los propios de labores de soldadura, como por ejemplo, riesgos químicos o eléctricos.

-Se deben tener también en cuenta una serie de requisitos de diseño:

-Chaquetas suficientemente largas para cubrir la parte alta del pantalón y puños ajustables.

-Bajos del pantalón sin pliegues.

-Prendas preferentemente sin bolsillos o, en su defecto, bolsillos interiores. Los pantalones, únicamente con bolsillos laterales. El resto, con cartera cerrada.

-Cierres metálicos exteriores recubiertos o tapados y de apertura rápida.

Aparte de los requisitos de diseño, también son de importancia los requisitos generales del material del que están fabricadas las prendas:

a) Propiedades mecánicas:

- Resistencia a la tracción.

- Resistencia al desgarro.

b) Variación dimensional:

- Textiles: máximo 3% en largo y ancho.

- Cuero: máximo 5%.

c) Requisitos suplementarios para el cuero:

- Contenido en materias grasas: máximo 15%.

- Espesor: mínimo 1 mm.

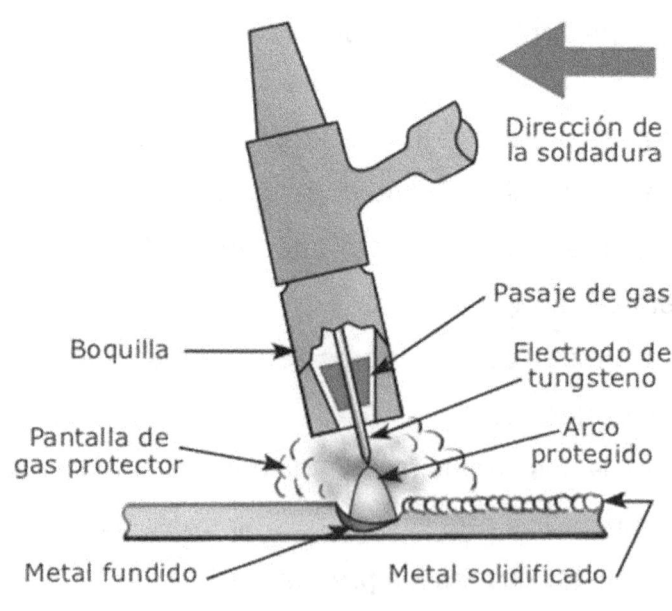

Soldadura TIG

Soldadura y corte oxiacetilénico

Soldadura oxiacetilénica: Concepto y tipos

La soldadura por gas o con soplete utiliza el calor de la combustión de un gas o una mezcla gaseosa, que se aplica a las superficies de las piezas y a la varilla de metal de aportación.

Este sistema tiene la ventaja de ser portátil ya que no necesita conectarse a la corriente eléctrica.

La mezcla gaseosa utilizada es oxiacetilénica (oxígeno/acetileno).

La llama alcanza 3.100° C y los gases que desprenden protegen a la soldadura; es utilizada para soldar acero al carbono hasta 6 mm de espesor: chapas, tubos, etc.

Se realiza tanto como soldadura homogénea como heterogénea por procedimientos mecanizados en la industria.

Las formas características de las llamas utilizadas en la soldadura autógena para metales y aleaciones de alto punto de fusión, así como las temperaturas obtenidas en distintos puntos de una llama oxiacetilénica normal.

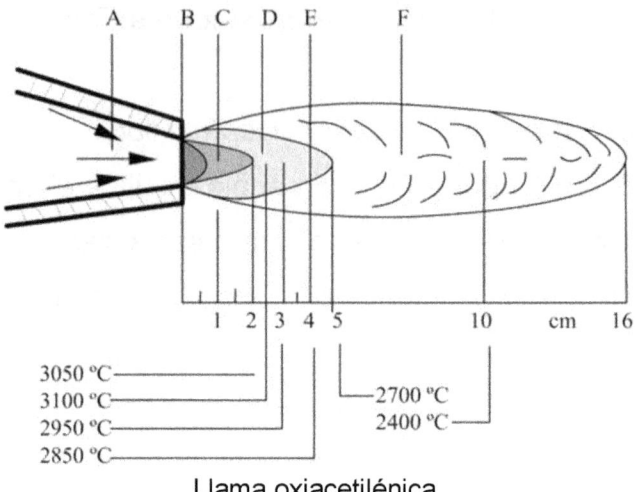

Llama oxiacetilénica

La zona A, es la boquilla, por donde salen los gases mezclados a una cierta velocidad, para ser quemados a la salida.

La zona B, a la salida de la boquilla, en forma de cono de color azul, llamada base de la llama; es donde la mezcla de los gases se calientan hasta la temperatura de inflamación, o encendido.

La zona C, es una zona muy delgada donde la temperatura aumenta bruscamente.

En la zona D, es donde los gases alcanzan su máxima temperatura, siendo esta zona la que se utiliza para la fusión de los metales en la soldadura.

La zona E, es la que determina la calidad de la llama; según esta zona nos dirá si la llama es reductora, oxidante o carburante. En las llamas más comúnmente empleadas, esta zona es y se denomina reductora.

La zona F, es la zona que envuelve, y prolonga las zonas anteriores, y se llama penacho.

Características térmicas de la llama oxiacetilénica

En la figura se muestra una escala en centímetros de las temperaturas obtenidas por medición en distintos puntos de una llama oxiacetilénica normal. La temperatura de una llama debe sobrepasar en mucho la de fusión del metal a soldar, si esto no fuese así, no alcanzaríamos, la temperatura de fusión. El sistema de soldadura oxiacetilénica, o autógena, es un sistema que actualmente, y cada vez más, está en desuso; es caro y poco rentable, sólo se utiliza en trabajos de mantenimiento, muy especiales, como pueden ser la soldadura de piezas de latón en la reparación de piezas, y en casos puntuales, por falta de repuestos, y en la soldadura dura por capilaridad. La soldadura por capilaridad se logra de la siguiente manera: en las partes a soldar de las piezas, se añade un decapante líquido, que limpia la superficie donde se deposita el metal de aportación; en otros casos se calienta la varilla de aportación, con el soplete y se moja ésta en un decapante en polvo, que se llama Boras; actualmente las varillas vienen con un revestimiento que al mismo tiempo es decapante, y tanto el líquido, el polvo, como el revestimiento, hacen que la superficie a soldar quede limpia, para que el metal de aportación al fundirse penetre entre la separación de las piezas que se tienen que soldar. Esta penetración es debida a la capilaridad, que es la propiedad que tienen los cuerpos líquidos de presentar una tendencia a penetrar en los espacios pequeños cuando las superficies están mojadas. Ejemplo: el terrón de azúcar, o la gasolina que sube por la mecha del mechero. La soldadura por capilaridad, es fácil de realizar, se hace a bajas temperaturas; en algunos casos basta calentar con el soplete las piezas a unir, y arrimando el metal de aportación a las piezas, éste se derrite y penetra por las separaciones a unir.

Manorreductores

Pueden ser de uno o dos grados de reducción, en función del tipo de palanca o membrana. La función que desarrolla es la transformación de la presión de la botella de gas (150 atm) a la presión de trabajo (de 0,1 a 10 atm) de forma constante.

Soplete

Efectúa la mezcla de gases.

Puede ser de alta presión, en la que la presión de ambos gases es la misma, o de baja presión, en la que el oxígeno tiene una presión mayor que la del acetileno.

Las partes de un soplete son:

- Conexiones a las mangueras.

- Dos llaves de regulación.

- Inyector.

- Cámara de mezcla.

- Boquilla

Válvulas antirretroceso

Sólo permiten el paso del gas en un sólo sentido, impidiendo que la llama pueda retroceder.

Conducciones

Son las mangueras, y pueden ser rígidas o flexibles.

Equipo soldadura oxiacetilénica

Simbología utilizada en las técnicas de soldadura oxiacetilénica

La simbología estudiada para soldadura eléctrica también es de aplicación a la soldadura oxiacetilénica.

Materiales de aportación según el material que se va a soldar

La soldadura oxiacetilénica puede ser homogénea o heterogénea, es decir homogénea si el material de aportación es el mismo que el de aporte y heterogénea si es distinto o se sueldan materiales distintos.

En la siguiente tabla se indican los materiales de aportación aconsejados en función del material a soldar.

MATERIAL BASE	MATERIAL DE APORTE	FUNDENTE	TIPO DE LLAMA
ACERO BAJO CARBÓN HIERRO GALVANIZADO	ACERO BAJO CARBONO	NO	NEUTRA
HIERRO FUNDIDO GRIS	ACERO BAJO CARBONO	SI	NEUTRA
ACERO INOXIDABLE AL CROMO-NIQUEL ACERO AL CROMO	SIMILAR O 25-12 CON COLUMBIO	SI	NEUTRA
ACERO ALTO CARBONO	ACERO AL CARBONO	NO	CARBURANTE
ALUMINIO	ALUMINIO PURO O AL SILICIO	SI	CARBURANTE
ACERO BAJO CARBÓN HIERRO GALVANIZADO HIERRO FUNDIDO GRIS HIERRO FUNDIDO MELÉABLE	BRONCE	SI	LIGERAMENTE OXIDANTE

Preparación de las piezas que se van a soldar

Es importante que las piezas a soldar estén limpias y exentas de óxidos, aceites y grasas, ya que si no fuese así, se producirían poros. Cuando el espesor de las chapas es inferior a 7 mm no es necesario achaflanar las piezas.

Para las chapas de menos de 5mm los bordes se pueden disponer juntos, sin separación.

Las chapas de más de 20 mm se les deben sacar chaflán doble, en "v" con un ángulo de 35° a 45°.

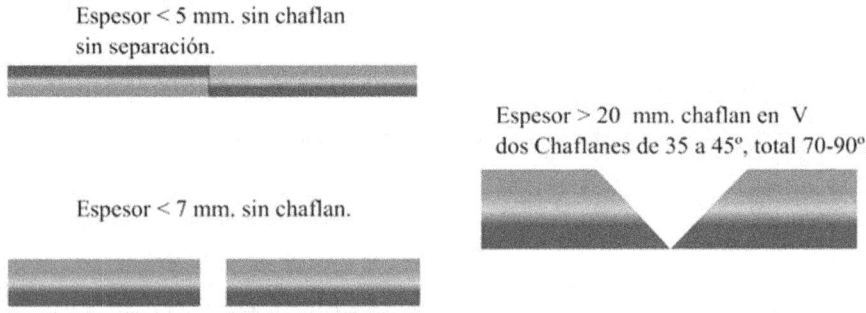

Espesor < 5 mm. sin chaflan sin separación.

Espesor > 20 mm. chaflan en V dos Chaflanes de 35 a 45°, total 70-90°.

Espesor < 7 mm. sin chaflan.

Técnicas de soldadura oxiacetilénica sobre metales férricos

Como la mayoría de las personas sujetan el soplete con la mano derecha y la varilla de material de aporte con la izquierda, definimos las técnicas de soldeo como a derechas e izquierdas.

Soldadura a izquierdas

Se usa esta técnica en los metales férricos sólo para soldaduras de poco espesor, chapas inferiores a 5 mm.

Es un proceso sencillo: el soplete avanza siguiendo a la varilla.

Soldadura a derechas

Se emplea fundamentalmente en metales férricos de alto espesor, permite dar más calor a la pieza, consume menos combustible y da buen aspecto a la soldadura.

Técnicas de soldadura oxiacetilénica sobre aleaciones

Las aleaciones no férricas presentan un punto de fusión más bajo que las férricas, por ese motivo requieren menos calor en la soldadura, lo que permite soldarlas con la técnica de soldadura a izquierdas.

Técnicas de corte con soplete oxiacetilénico

De la misma manera que se usa el calor del soplete para fundir las piezas, también se puede usar para cortarlas. Las técnicas de corte varían: desde manuales, a pulso del operario, hasta completamente automatizadas con sopletes dirigidos por máquinas de control numérico. Los cortes de poca responsabilidad se suelen realizar a pulso; cuando se quiere realizar un círculo se coloca el soplete sobre un útil llamado carro guía o compás. Esta técnica se basa en el corte por fundición de la pieza, provoca una grieta de entre 1 y 2 mm y permite cortar piezas de cualquier espesor. Las piezas gruesas son sometidas a grandes temperaturas que provocan cambios en la estructura del material; posteriormente deben de ser sometidas a un proceso térmico de revenido en horno para eliminar las tensiones acumuladas.

Normas de uso y seguridad exigibles en el proceso de soldadura oxiacetilénica

Los gases en estado comprimido son indispensables para la mayoría de los procesos de soldadura. La base de la soldadura oxiacetilénica es la mezcla del oxígeno con acetileno. A pesar de que los recipientes que contienen estos gases comprimidos son seguros, se siguen dando muchos accidentes por no respetar les normas dadas al manejo de éstos. En este trabajo se verán los distintos riesgos y factores de riesgo asociados a este tipo de soldadura, normas para el almacenamiento y manipulación de las botellas de gases inflamables y elementos que componen los equipos de soldadura oxiacetilénica.

Soldadura

Riesgos y factores de riesgo

-Incendio y/o explosión durante el encendido y apagado, por utilizar mal el soplete o estar mal montado.

-Exposiciones a radiaciones peligrosas para los ojos y procedentes de la llama o del metal incandescente.

-Quemaduras por salpicaduras del metal incandescente.

-Exposiciones a humos y gases de soldadura. Almacenamiento y manipulación de botellas:

-Incendios o explosiones por fugas o sobrecalentamientos incontrolados.

-Atrapamientos diversos en la manipulación de botellas.

Normas de seguridad frente a incendios / Explosiones en trabajos de soldadura

Normas de seguridad generales:

-Prohibido soldar en zonas donde haya materiales inflamables o donde exista un riesgo de explosión.

-Limpiar con agua caliente y desgasificar con vapor los recipientes que hubiesen contenido material inflamable.

-Controlar que las chispas producidas por el soplete no caigan sobre botellas, mangueras o líquidos inflamables.

-No utilizar el oxígeno para limpiar o soplar piezas.

-Si una botella de acetileno se calienta puede explosionar, por lo que habrá que cerrar bien el grifo de ésta y enfriarla con agua.

-Después de un retroceso de llama o un incendio del grifo de la botella habrá que comprobar que la botella no se calienta sola.

Normas de seguridad específicas

Botellas

-Deben estar perfectamente identificadas.

-Las botellas de acetileno deben estar en posición vertical al menos doce horas antes de su utilización

-Las botellas de acetileno deben situarse de forma que sus bocas de salida apunten a direcciones opuestas.

-Las botellas en servicio deben estar a una distancia de al menos 5 ó 10 m de la zona de trabajo.

-Antes de empezar el trabajo, comprobar que el manómetro marca cero con el grifo cerrado.

-Si el grifo se atasca no se debe forzar sino devolver al proveedor.

-Antes de colocar el manorreductor hay que purgar el grifo de la botella.

-Las botellas no deben consumirse totalmente pues podría entrar aire en ésta.

-Cerrar siempre las botellas después de cada sesión de trabajo, así como descargar el manorreductor, soplete y mangueras.

-No sustituir las gomas de junta por otras de plástico o cuero.

Mangueras

-Deben estar siempre en buenas condiciones y bien sujetas a las tuercas de empalme.

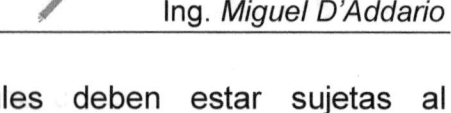

-Las mangueras azules deben estar sujetas al oxígeno, y las rojas o negras al acetileno (de mayor diámetro que las de oxígeno).

-No deben estar en vías de circulación de vehículos si no están protegidas.

-Antes de iniciar la soldadura, comprobar que no tienen fugas con agua jabonosa.

-No se debe trabajar con las mangueras apoyadas sobre los hombros o entre las piernas.

-Después del retroceso de una llama se debe comprobar que las mangueras no tengan daños.

Soplete

En ningún caso se golpeará con él.

En la operación de encendido

-Abrir lentamente y ligeramente la válvula del soplete correspondiente al oxígeno.

-Abrir lentamente la válvula del acetileno alrededor de 3/4 de vuelta.

-Encender la mezcla.

-Aumentar la entrada del combustible hasta que la llama no despida humo.

-Acabar de abrir oxígeno según necesidades.

-Verificar el manorreductor.

-Al apagar, debe cerrarse primero el acetileno y luego el oxígeno.

-No debe apoyarse nunca el soplete sobre las botellas.

-La reparación de los sopletes deben hacerlas técnicos especializados.

-Limpiar periódicamente las toberas porque la suciedad facilita el retroceso de la llama.

-Si el soplete tiene fugas, no utilizarlo.

Retorno de la llama

En este caso:

-Cerrar la llave de paso del oxígeno para interrumpir la alimentación de la llama interna.

-Cerrar la llave de alimentación del acetileno y después las válvulas de ambas botellas.

-En ningún caso doblar las mangueras para interrumpir el paso del gas.

-Normas de seguridad frente a otros riesgos en trabajos de soldadura.

Exposición a radiaciones

-Para proteger adecuadamente los ojos se utilizan filtros y placas filtrantes que deben reunir una serie de características dadas en unas tablas:

-Los valores y tolerancias de transmisión de los distintos tipos de filtros y capas filtrantes de protección ocular frente a la luz de intensidad elevada.

-Para elegir el filtro adecuado en función del grado de protección se utilizan unas tablas que relacionan el tipo de trabajo de soldadura realizado con los caudales de oxígeno (operaciones de corte) o los caudales de acetileno (soldaduras).

-Será muy conveniente el uso de placas filtrantes fabricadas de cristal soldadas que se oscurecen y aumentan la capacidad de protección en cuanto se enciende el arco.

Exposición a humos

-Se trabajará a ser posible en zonas preparadas con un sistema de ventilación o extracción de humos.

-Es recomendable que los trabajos de soldadura se realicen en lugares fijos.

-El caudal de aspiración de una mesa de trabajo es recomendado que sea de 2000m3/h por metro de longitud de la mesa.

-Cuando es preciso desplazarse para soldar piezas de gran magnitud se deben utilizar sistemas de respiración desplazables.

-Normas de seguridad en el almacenamiento y la manipulación de botellas.

Normas reglamentarias de manipulación y almacenamiento

Emplazamiento

-No deben ubicarse en locales subterráneos o en lugares con comunicación directa con los sótanos, huecos de escaleras, pasillos.

-Los suelos deben ser planos, de material difícilmente combustible y con características tales que mantengan el recipiente en perfecta estabilidad.

Ventilación

-En las áreas de almacenamiento cerradas, la ventilación será suficiente y permanente, para lo que deberán disponer de aberturas y huecos en comunicación directa con el exterior y distribuidas convenientemente en las zonas altas y bajas. La superficie total de las aberturas será de al menos 1/18 de la superficie total del área de almacenamiento.

Medidas complementarias

-Utilizar códigos de colores normalizados para identificar y diferenciar el contenido de las botellas.

-Proteger las botellas contra temperaturas extremas.

-Evitar choques y golpes en las botellas.

-Las botellas con caperuza fija no deben asirse por ésta.

-No deben arrastrarse, deslizarse o hacer rodar en posición horizontal. Lo más seguro es moverlas con carretillas especiales para ellas. En caso de no disponer de ellas, las botellas deben desplazarse haciéndolas rodar en posición vertical y sobre su propia base.

-No manejar las botellas con manos o guantes grasientos.

-Almacenar siempre en posición vertical.

-No almacenar botellas que presenten cualquier tipo de fuga. Las botellas llenas o vacías se almacenarán por separado.

-Manipular todas las botellas como si estuviesen llenas.

-Si una botella de acetileno permanece accidentadamente en posición horizontal, se debe poner en vertical, al menos doce horas antes de ser utilizada.

-Cuando existan materiales peligrosos o inflamables deben almacenarse al menos a 6 metros de distancia.

Normas reglamentarias sobre separación entre botellas de gases inflamables y otros gases

-Las botellas de oxígeno y de acetileno deben almacenarse por separado con una distancia mínima de 6 metros, siempre que no exista un muro de separación.

Si el muro existiese:

-Muro aislado:

La altura del muro debe ser de 2 metros como mínimo y 0,5 por encima de la parte superior de las botellas. Además, la distancia desde el extremo de la zona de almacenamiento en sentido horizontal y la resistencia al fuego del muro es función de la clase de almacén.

-Muro adosado a la pared:

Se debe cumplir lo mismo que en el anteriormente mencionado con la excepción que las botellas se pueden almacenar junto a la pared y la distancia en sentido horizontal sólo se debe respetar entre el final de la zona de almacenamiento de botellas y el muro de separación.

Las uniones soldadas son uniones desmontables que se pueden aplicar tanto a los metales como a los plásticos. Es difícil encontrar una máquina o instalación en la que la soldadura, de un tipo u otro, no aparezca, por lo que resulta imprescindible el dominio de alguna técnica o varias para realizar cualquier instalación. Especialmente en la soldadura de metales, las técnicas pueden llegar a ser complejas llegándose a convertirse en una especialización laboral el dominio de estas técnicas, incluso hay profesionales que llegan a trabajar toda su vida laboral soldando en una especialidad determinada. En el mundo de las instalaciones es muy conocida la profesión de tubero, este operario es un verdadero especialista en el montaje de tubo soldado. Otras técnicas, como la soldadura blanda de plásticos y tubería metálica resultan más sencillas y asequibles y prácticamente todos los operarios dedicados al mundo de la instalación las dominan.

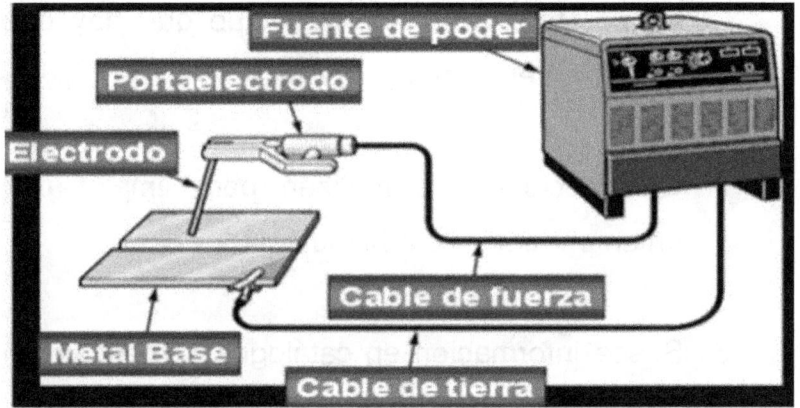

Equipo soldadura eléctrica

Cuestionario de autoevaluación

1. Elabora una tabla con la relación de los materiales soldables con técnica blanda indicando el material de aportación, temperatura de fusión y equipo que hay que utilizar en el soldeo.

2. Qué acciones se realizan para limpiar una unión por soldadura blanda.

3. Busca información en catálogos comerciales u otra bibliografía e indica cómo se realiza una prueba de estanqueidad en una tubería de cobre soldada con soldadura blanda.

4. Cuándo una soldadura se considera blanda.

5. Diferencias fundamentales entre soldadura eléctrica por arco y la soldadura oxiacetilénica.

6. Define y explica el proceso de soldadura MIG.

7. Exponer las diferencias entre soldadura MIG y soldadura MAG.

8. Qué gas o gases son usados en la soldadura TIG.

9. En la soldadura TIG, ¿es necesario usar material de aportación? ¿Por qué?

10. ¿Se puede soldar una tubería de PVC con soldadura TIG? ¿Por qué?

11. Explica qué medidas de seguridad se tienen que emplear en la soldadura TIG y la ropa de trabajo que deberá llevar el operario.

Símbolos estándares para soldadura

Este estándar hace distinción entre el termino símbolo de soldadura y el de símbolo de la aplicación de la soldadura o de soldadura.

La primera indica el tipo de soldadura en el cordón, la que al ser utilizada forma parte de los símbolos de la aplicación de la soldadura.

Referencia Base

En el sistema actual, la junta es la referencia base. El lado de la flecha corresponde al lado de la junta a la que apunta el símbolo de la flecha. El otro lado corresponde al otro lado de la junta opuesta al lado de la flecha.

Símbolos de Soldaduras

Los símbolos de soldaduras Los símbolos deben ser dibujados en contacto con la línea de referencia.

Símbolos Suplementarios de Soldadura

Los símbolos suplementarios a ser utilizados en conexión con los símbolos de soldadura deben ser hechos.

Símbolos de Soldadura

Un símbolo de soldadura puede consistir de varios elementos.

Como elementos requeridos están la línea horizontal de referencia y la flecha.

Se pueden incluir elementos adicionales con el objeto de indicar aspectos importantes y específicos sobre la soldadura.

En forma alterna, la información sobre la soldadura puede ser incluida por otros métodos tales como notas en los dibujos o por detalles, especificaciones, estándares, códigos u otros dibujos que eliminen la necesidad de incluir los elementos correspondientes en los símbolos de soldadura.

La cola del símbolo es utilizada para indicar información adicional tales como especificaciones, procesos, identificación del metal de relleno o electrodo, martillado (peening) / martillado por bolas de acero, martillado con martillo, ultrasonido, etc., con el objeto de producir compresión en la superficie que se golpea), contra resacado (backgouging / remoción del metal soldado y el metal base del lado opuesto de una junta parcialmente soldada para facilitar la penetración completa), o cualquier otra operación o referencia necesaria para realizar la soldadura o la soldadura fuerte.

Todos los elementos, cuando se utilizan, deben tener una localización específica.

Los requerimientos mandatarios en relación con cada elemento en los símbolos de soldadura deben referirse a la localización del elemento y no debe ser interpretado como una necesidad de que el elemento sea incluido en cada símbolo de soldadura.

Localización del Símbolo de Soldadura

La flecha de los símbolos de soldadura debe apuntar hacia una línea, localización o área que en forma concluyente identifique la junta, el lugar o el área que debe ser soldada.

Aplicación

Como usar el sistema de simbología de soldadura según la norma ANSI/AWS A-2.4 para especificar las juntas en los planos y el significado de los símbolos de soldadura para el examen   y la inspección de las soldaduras.

Junta a tope

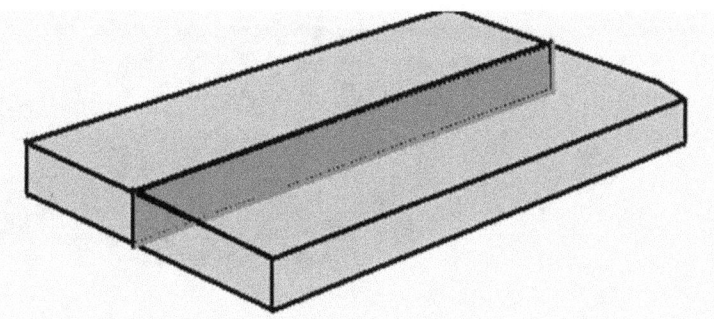

Junta de esquina

Junta en T

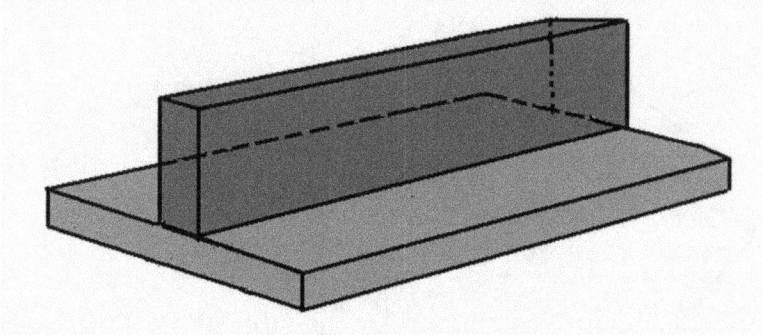

Junta a solapa

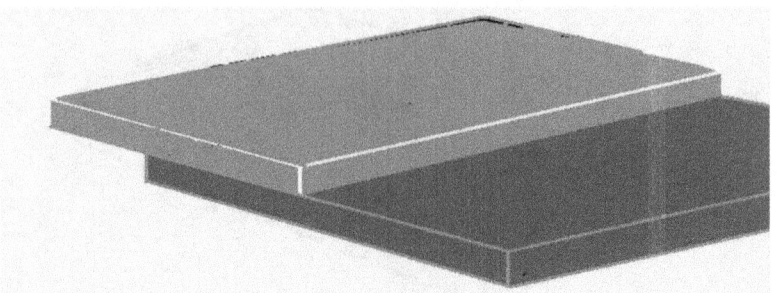

Junta

Términos y definiciones

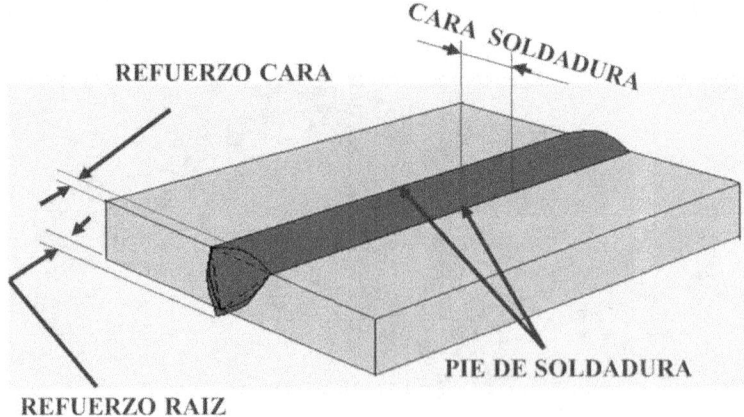

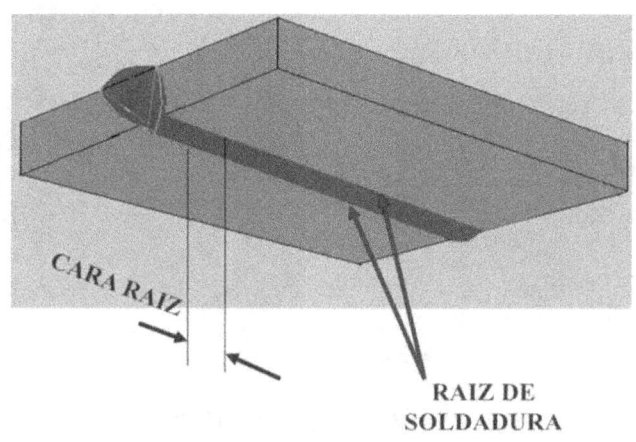

CARA RAIZ

RAIZ DE
SOLDADURA

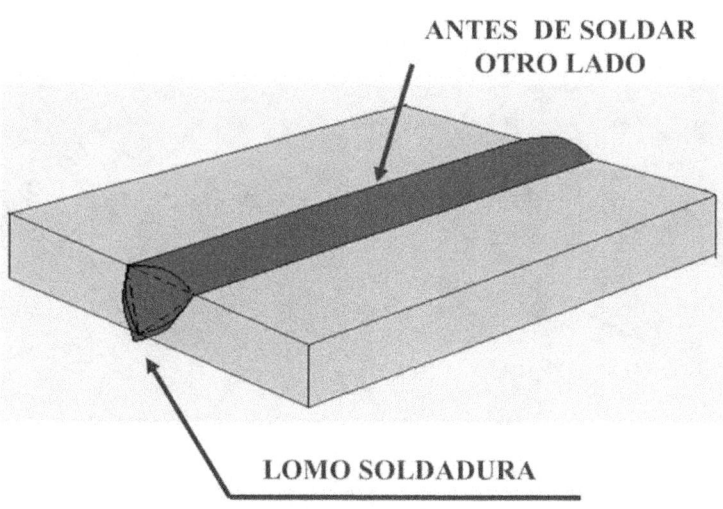

ANTES DE SOLDAR
OTRO LADO

LOMO SOLDADURA

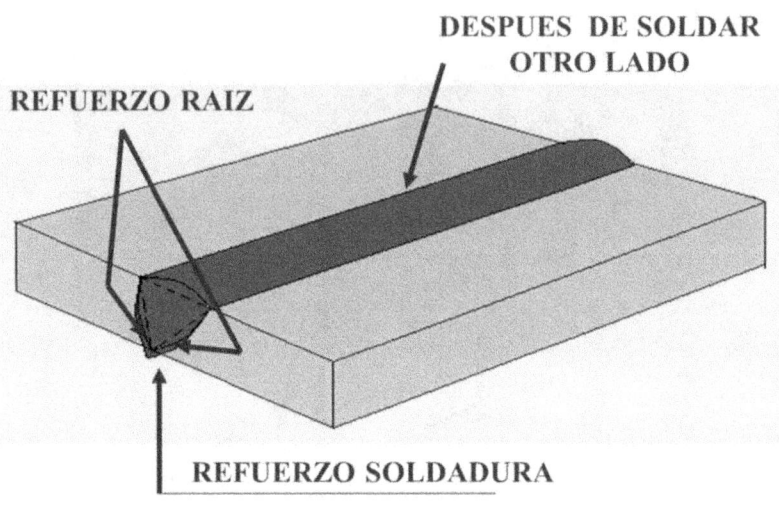

DESPUES DE SOLDAR
OTRO LADO

REFUERZO RAIZ

REFUERZO SOLDADURA

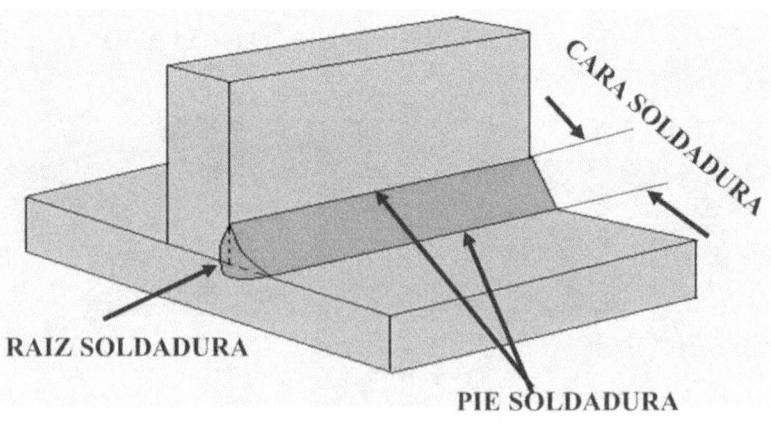

CARA SOLDADURA

RAIZ SOLDADURA

PIE SOLDADURA

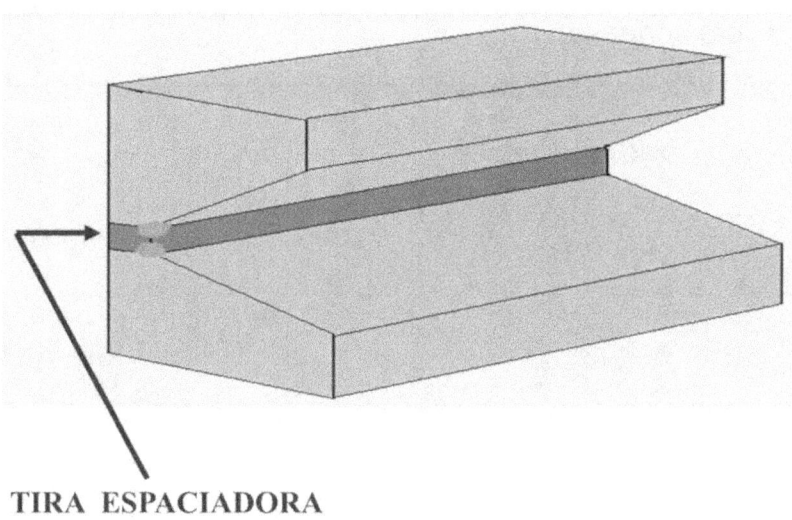

TIRA ESPACIADORA

Tamaños de la soldadura

Filete convexo

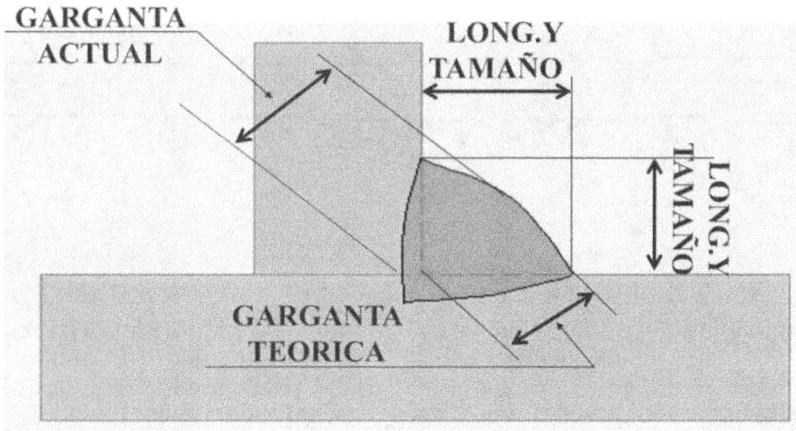

Filete cóncavo

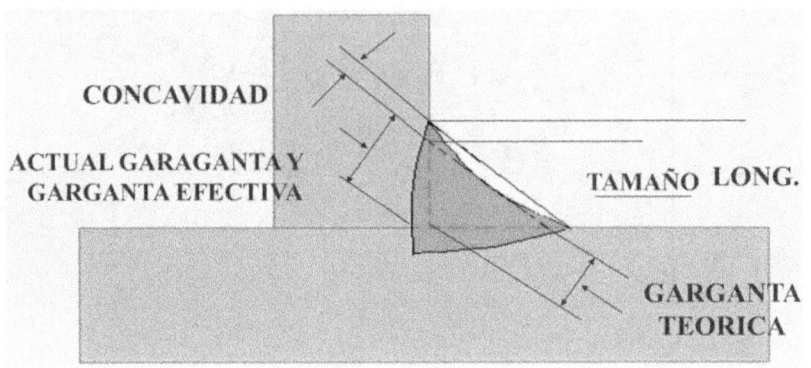

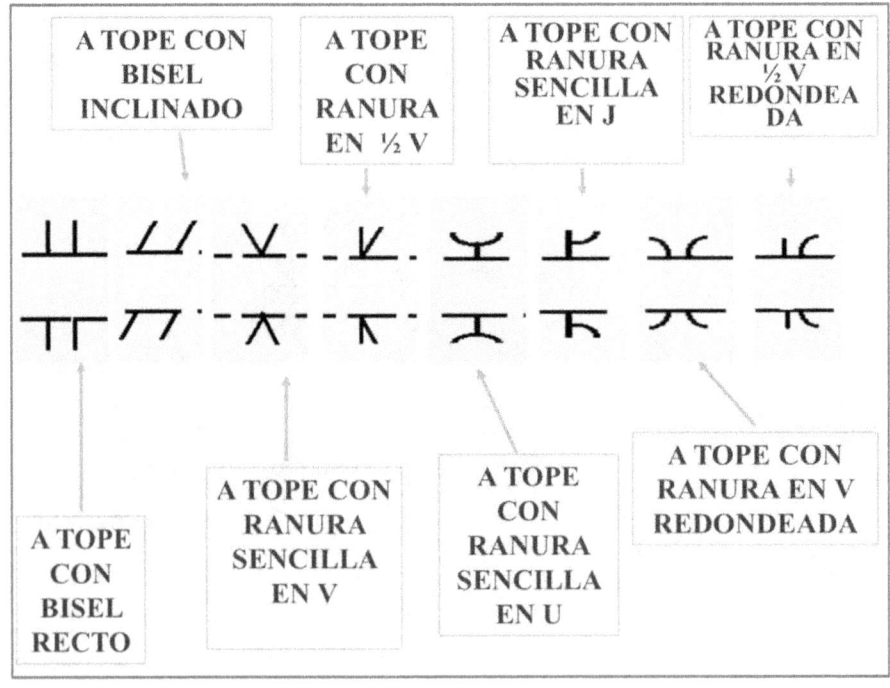

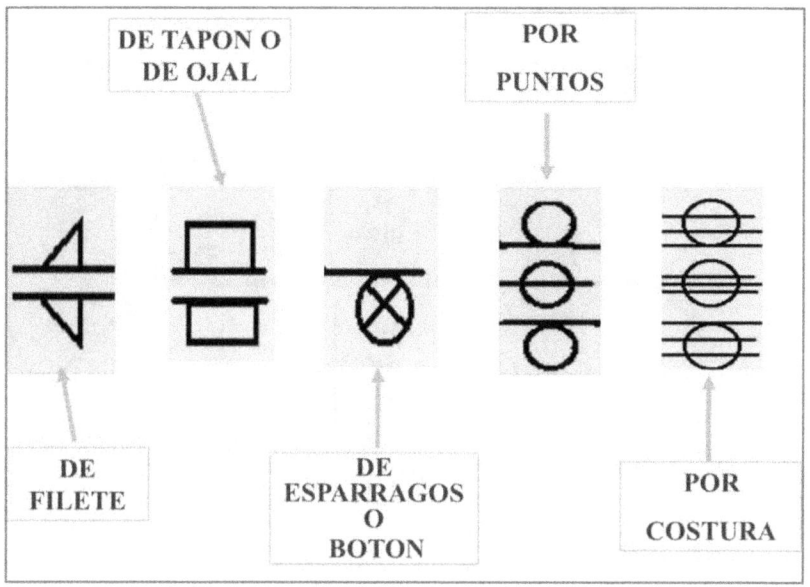

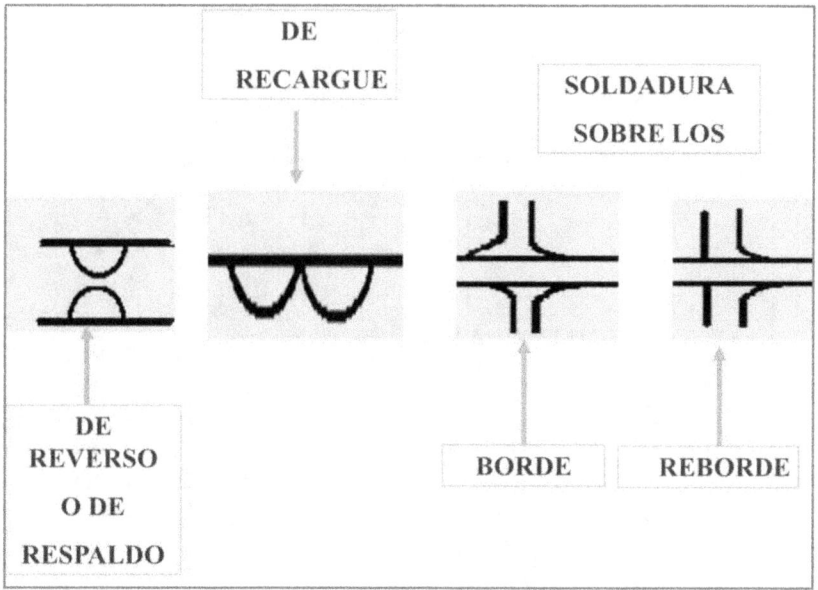

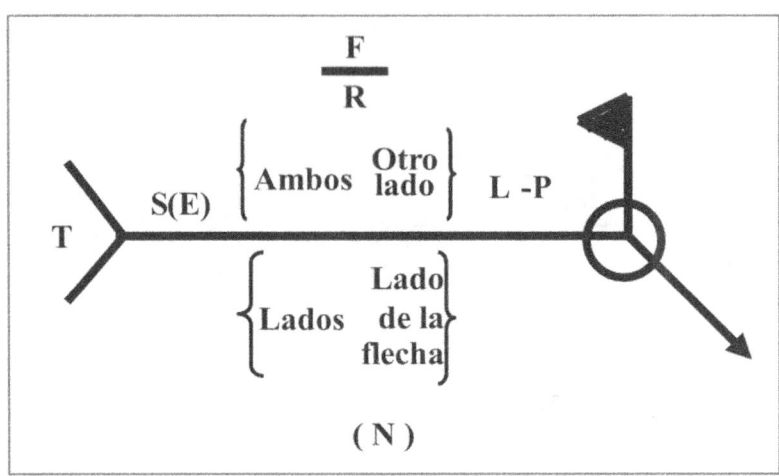

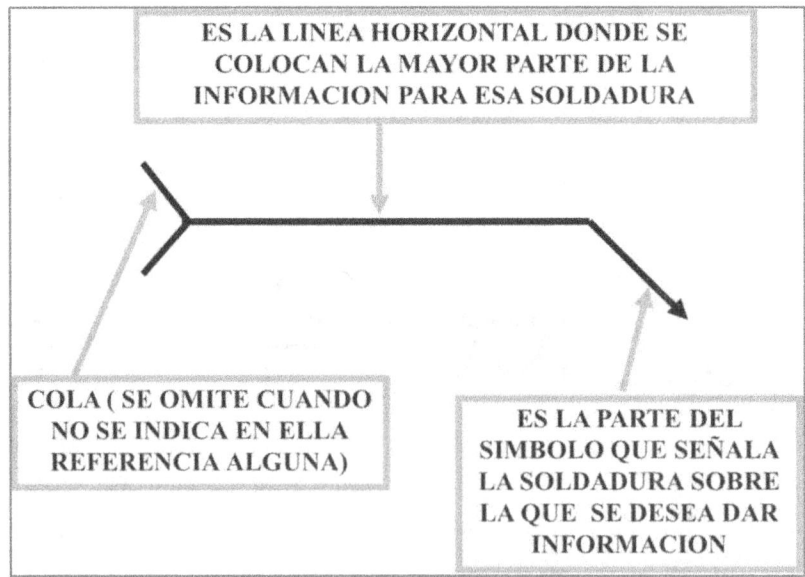

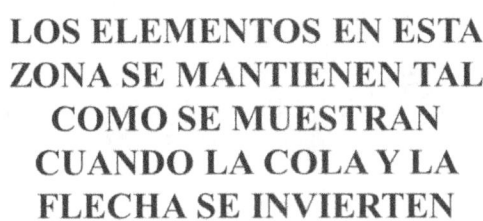

LOS ELEMENTOS EN ESTA ZONA SE MANTIENEN TAL COMO SE MUESTRAN CUANDO LA COLA Y LA FLECHA SE INVIERTEN

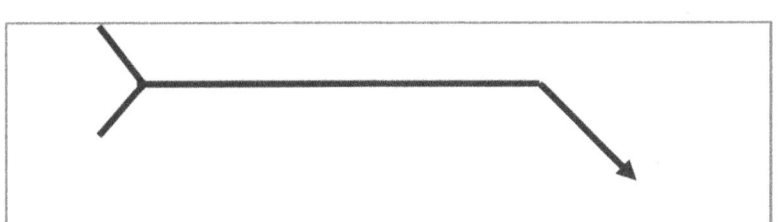

FLECHA QUE CONECTA LA LINEA DE REFERENCIA CON LA PÁRTE DEL LADO DE LA FLECHA DE LA UNION O LADO DE LA FLECHA DE LA UNION

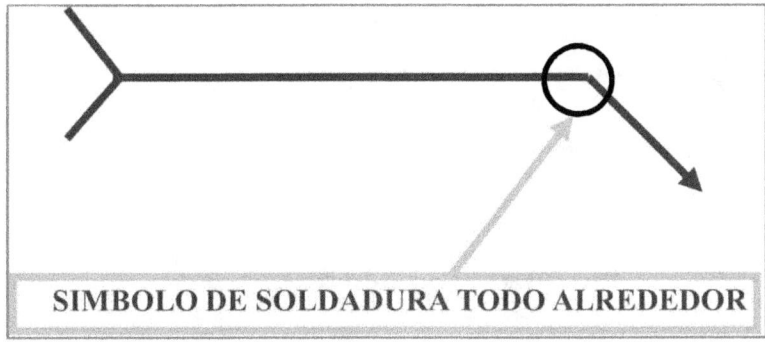

SIMBOLO DE SOLDADURA TODO ALREDEDOR

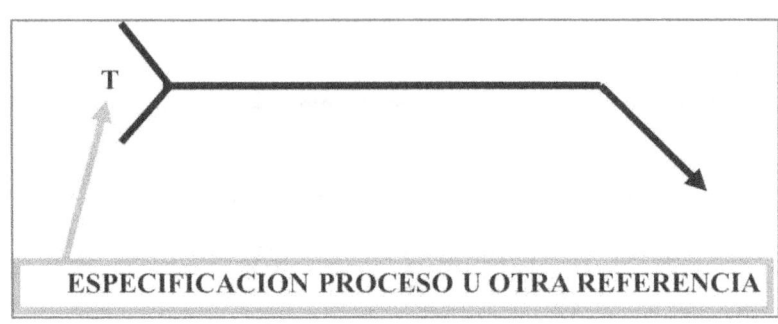

ESPECIFICACION PROCESO U OTRA REFERENCIA

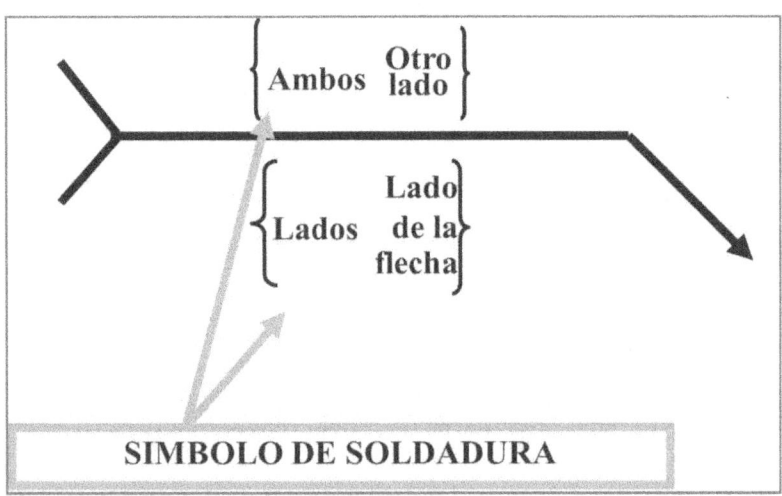

SIMBOLO DE SOLDADURA

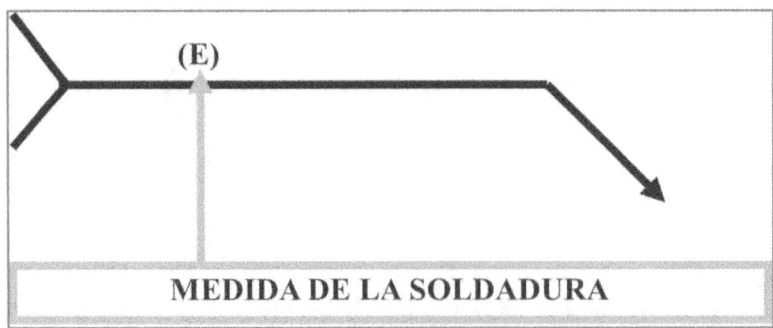

MEDIDA DE LA SOLDADURA

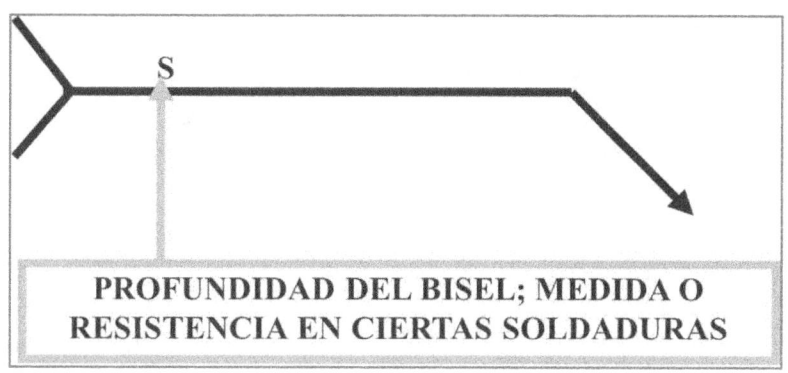

PROFUNDIDAD DEL BISEL; MEDIDA O RESISTENCIA EN CIERTAS SOLDADURAS

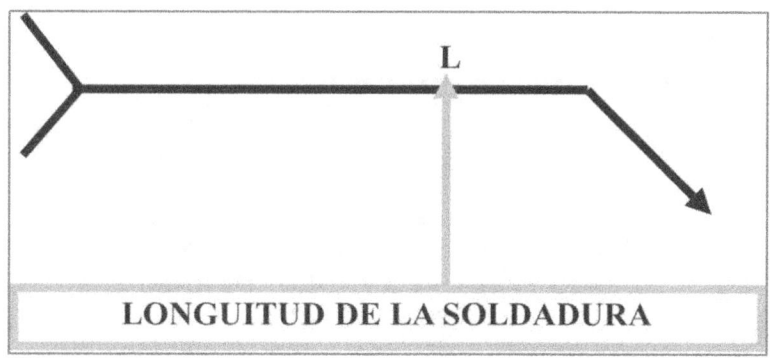

LONGUITUD DE LA SOLDADURA

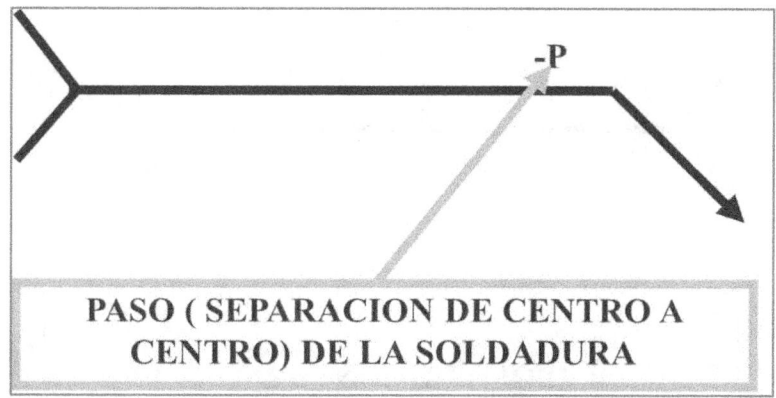

PASO (SEPARACION DE CENTRO A CENTRO) DE LA SOLDADURA

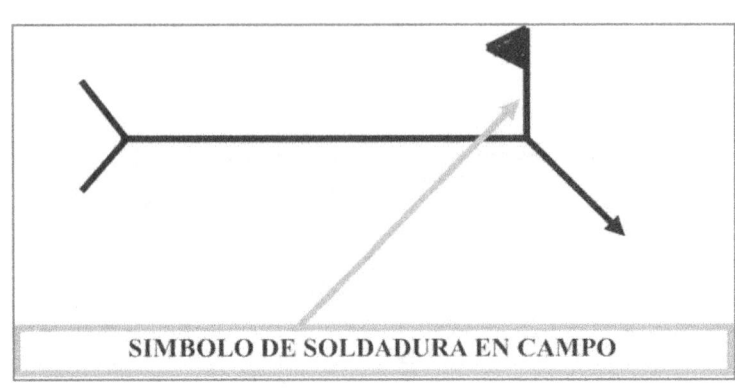

SIMBOLO DE SOLDADURA EN CAMPO

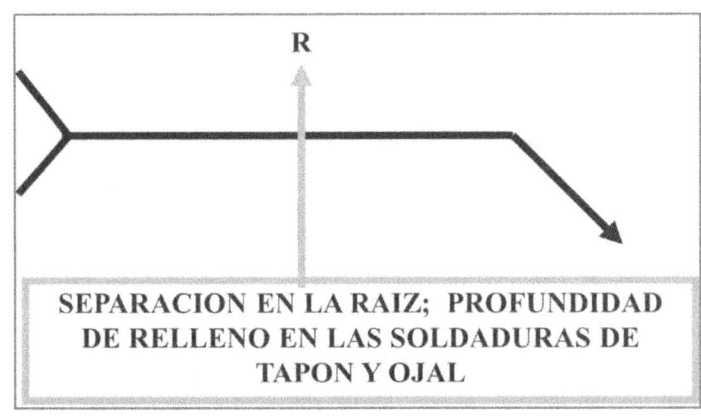

R

SEPARACION EN LA RAIZ; PROFUNDIDAD DE RELLENO EN LAS SOLDADURAS DE TAPON Y OJAL

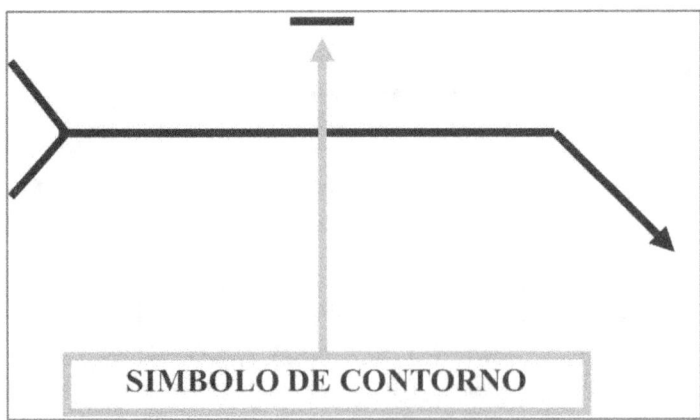

SIMBOLO DE CONTORNO

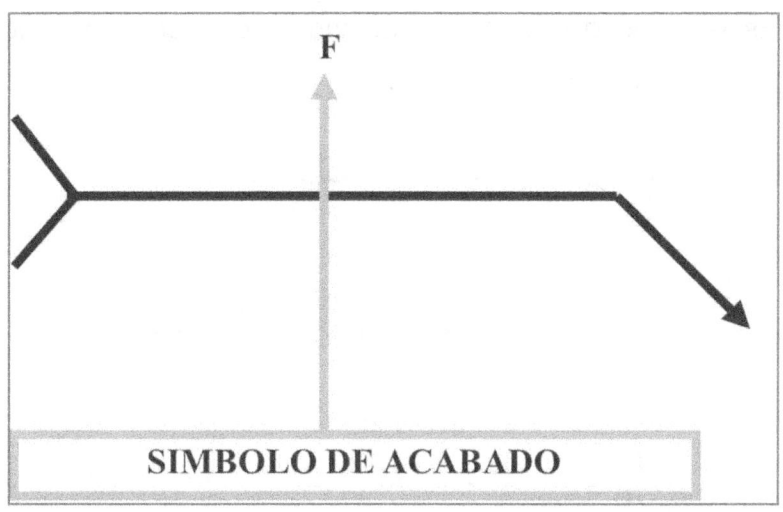

F

SIMBOLO DE ACABADO

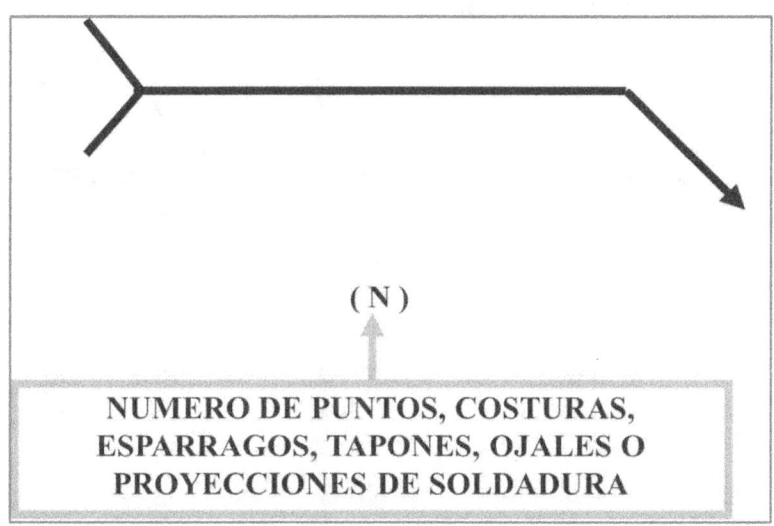

(N)

NUMERO DE PUNTOS, COSTURAS, ESPARRAGOS, TAPONES, OJALES O PROYECCIONES DE SOLDADURA

Flecha quebrada

Es la parte del símbolo que indica que solo un lado del bisel deberá ser preparado.

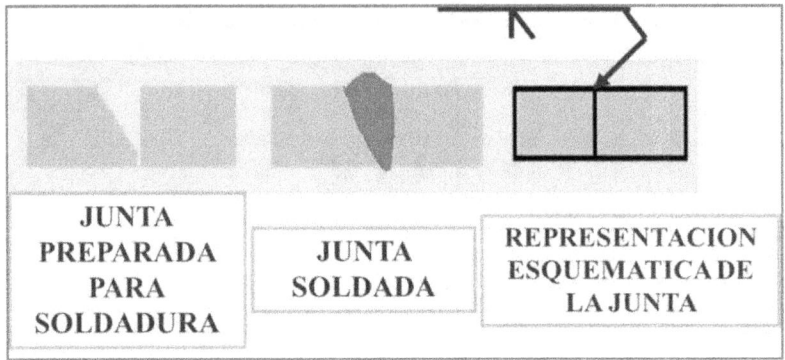

Símbolos suplementarios

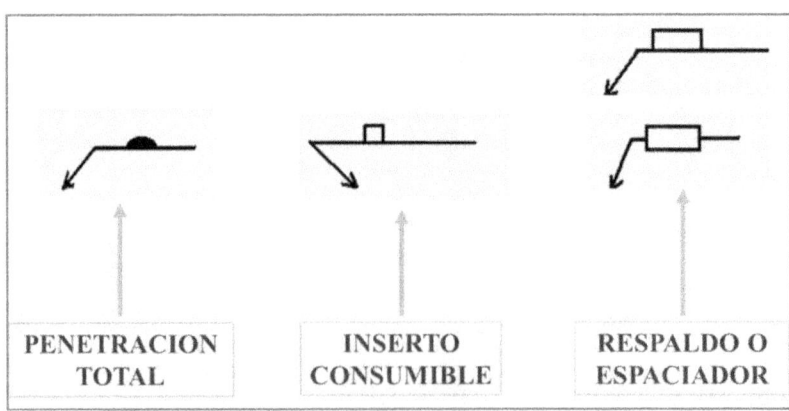

Contorno

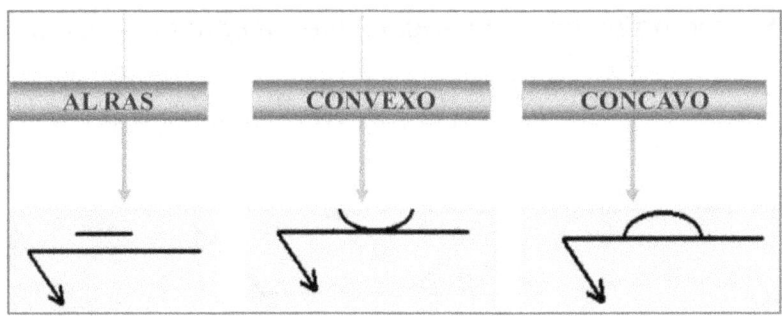

Símbolos de soldeo típicos

Soldeo en ángulo doble

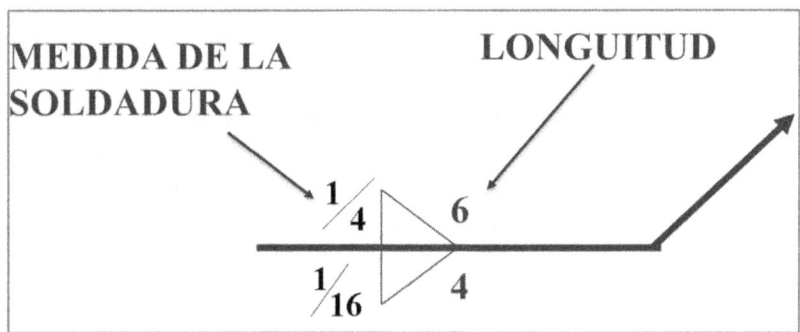

La omisión de la longitud significa que la soldadura se deposita entre cambios abruptos de dirección, o según este dimensionado.

Soldeo de uniones en ángulo intermitentes opuestos

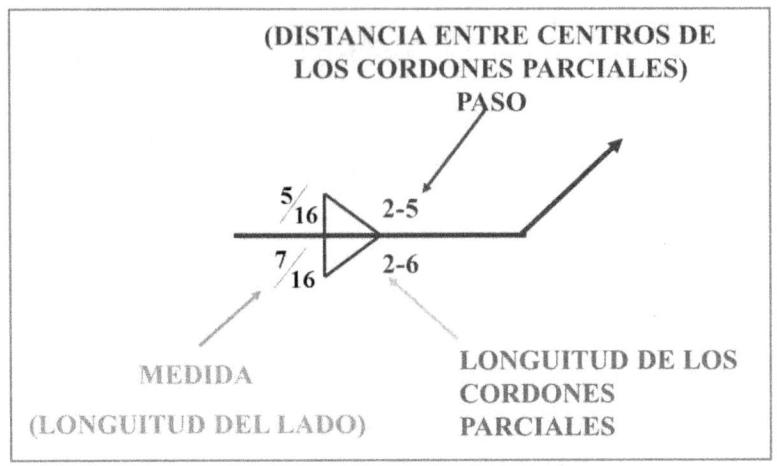

Soldeo de uniones en ángulo intermitente

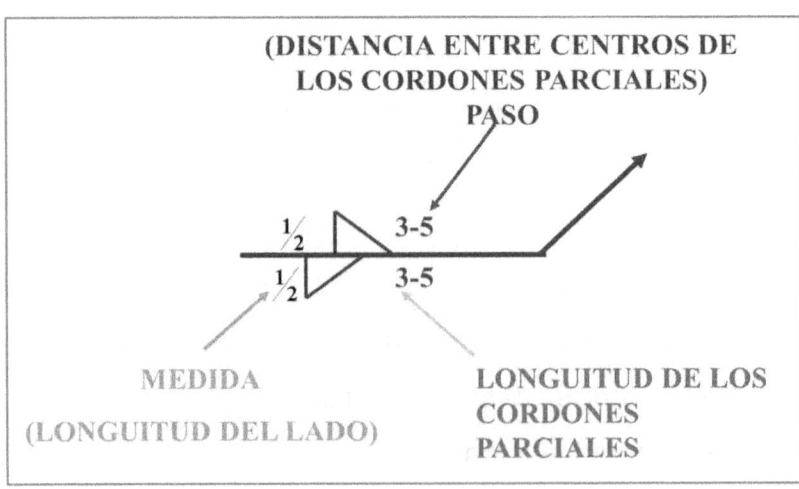

Soldeo en tapón

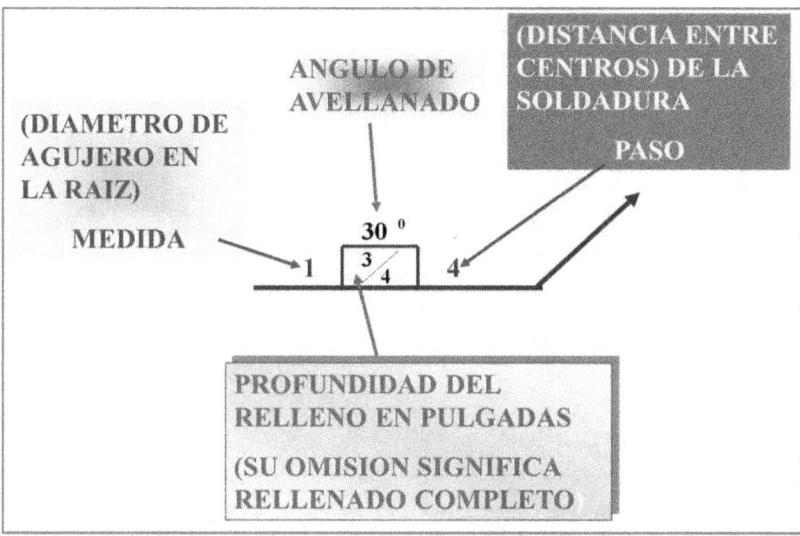

Soldeo de reverso

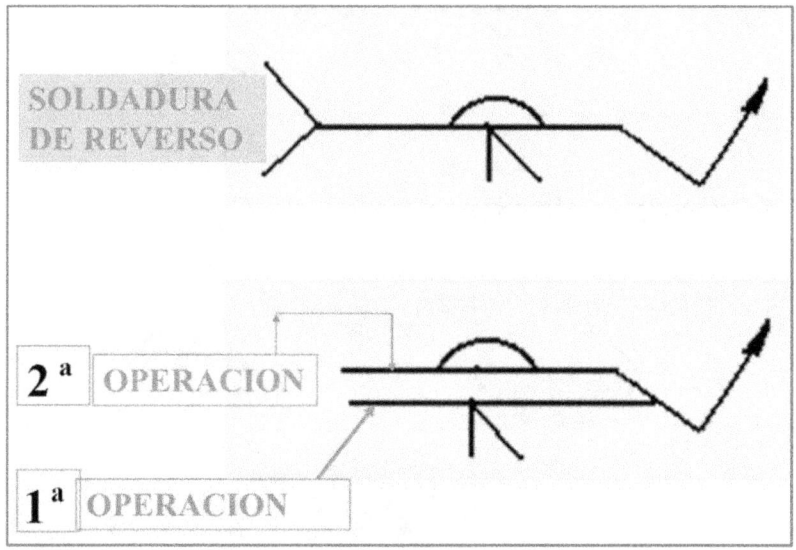

Soldeo de reverso

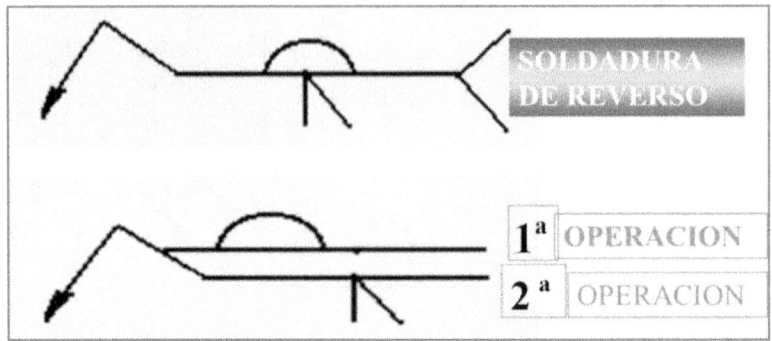

Soldeo por puntos

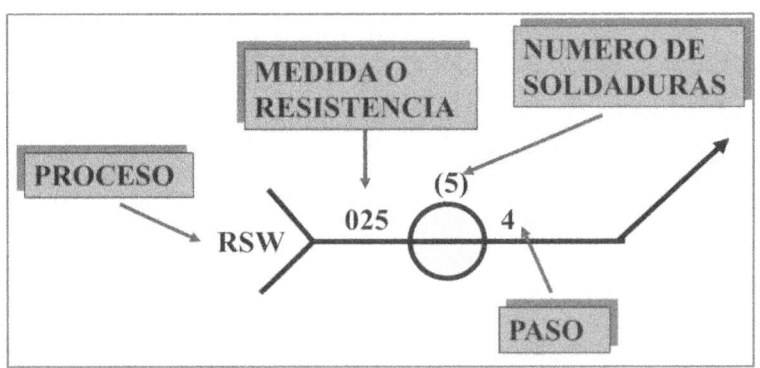

Soldeo de espárragos

Soldeo por costura

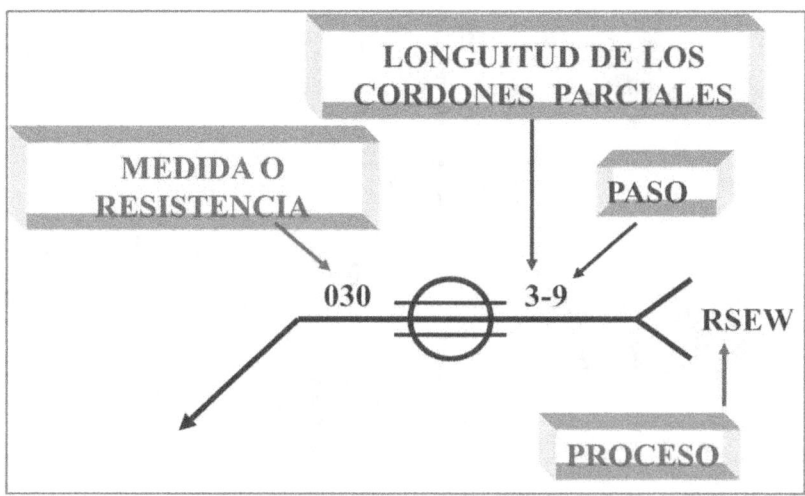

Soldeo con chaflán plano

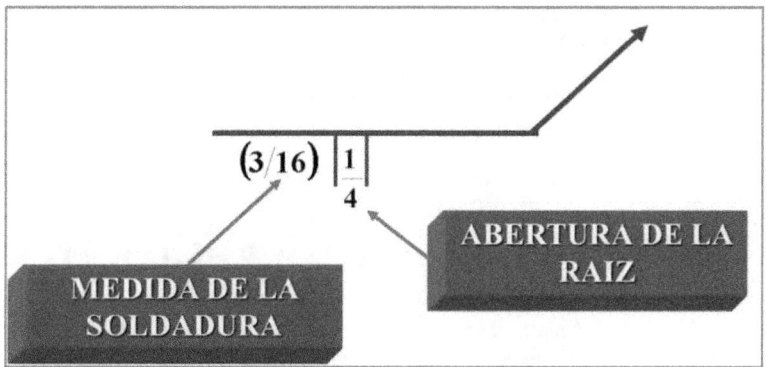

Soldeo con chaflán en V

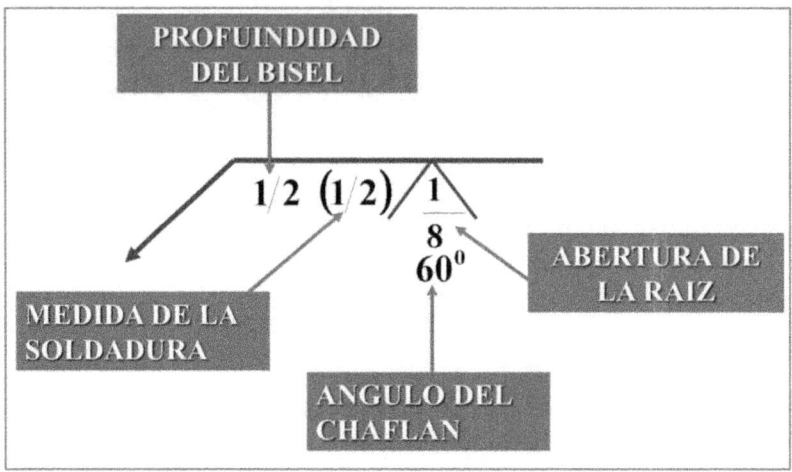

Soldeo con chaflán en bisel doble

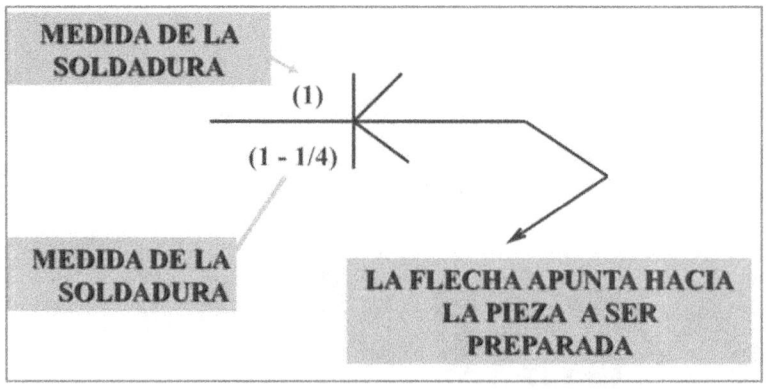

Resanado por el reverso

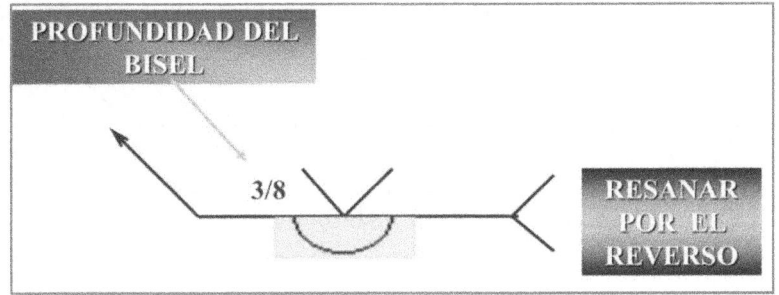

Soldeo con chaflán en V ensanchada

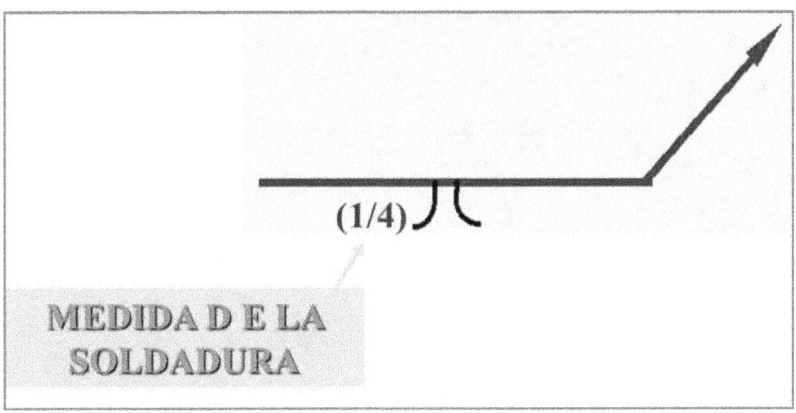

Soldeo con chaflán en bisel ensanchado

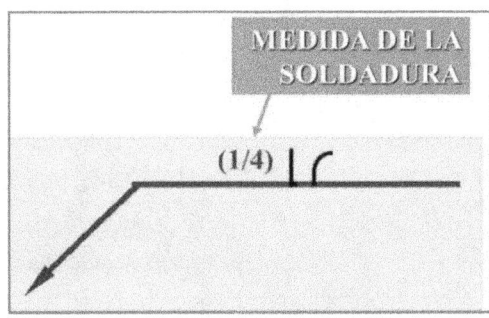

Líneas de referencia múltiple

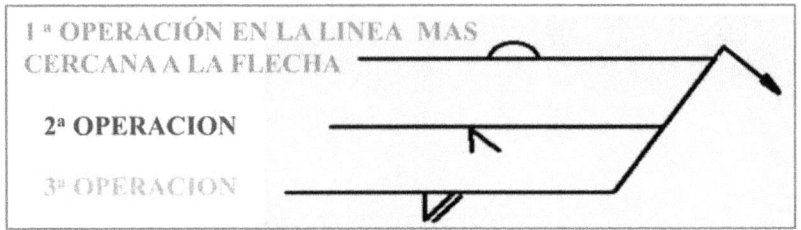

Penetración completa

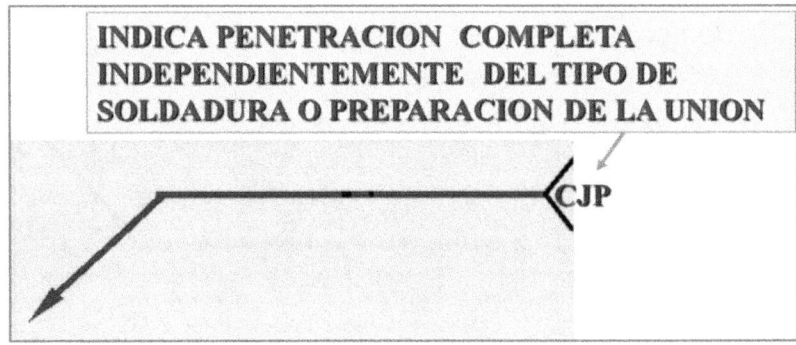

Soldeo de borde en canto

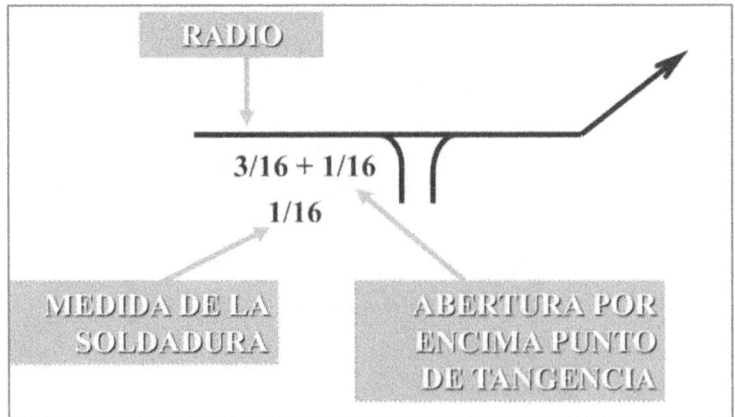

Soldeo por chisporroteo o por recalcado

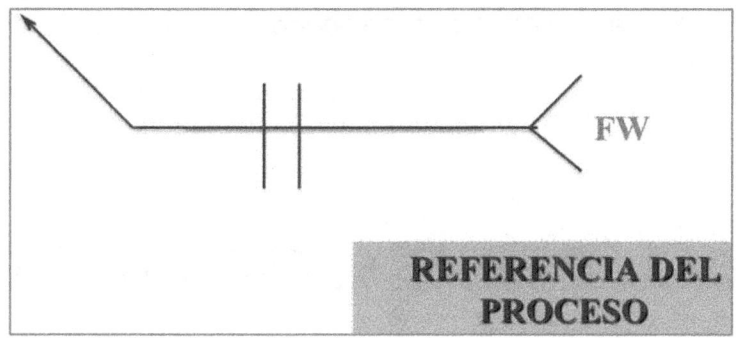

Refuerzo de raíz

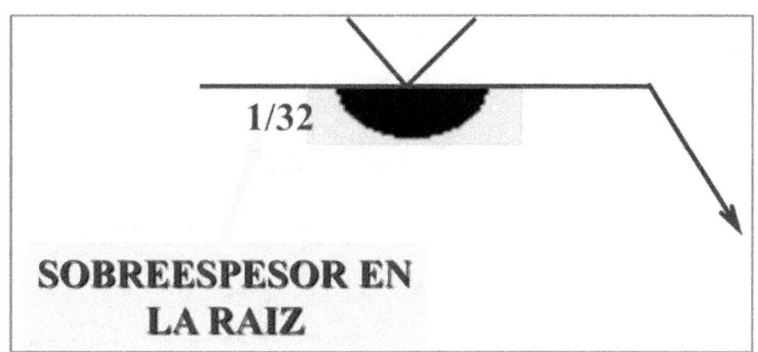

Unión con respaldo

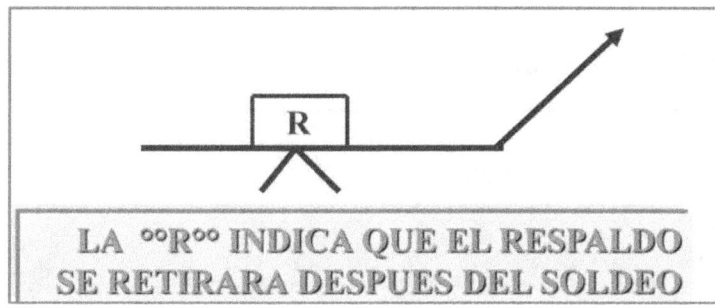

Soldadura con chaflán modificado

Contorno a ras

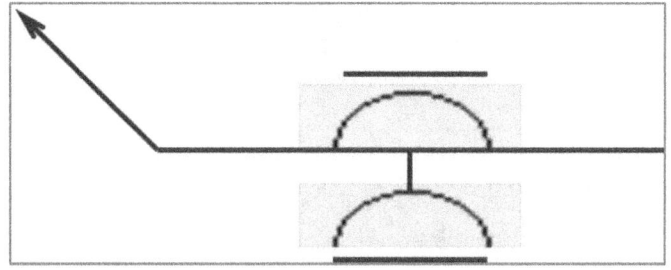

Contorno convexo

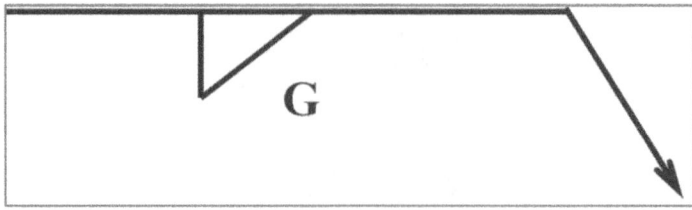

Códigos de las soldaduras

En toda construcción, desde el diseño de materiales a utilizar, así como las inspecciones durante su prefabricación, está envuelta la seguridad ciudadana; por esta razón se regula el diseño y construcción de cualquier estructura. Edificio, oleoducto o tubería de proceso en general, recipientes de almacenamiento bien sea de baja, alta presión o atmosféricos, así contengan líquidos o gases inflamables, letales o simplemente agua.

Estas regulaciones pueden ser estatales o dictadas por asociaciones de constructores o de ingenieros basados en la experiencia, estas normas tienden a garantizar una duración mayor una duración mayor de la construcción evitando o previniendo fallas prematuras y minimizando las roturas peligrosas que pueden llegar a ser catastróficas.

Así no esté involucrada la seguridad pública.

Algunos productos son construidos para cumplir requerimientos definidos que aseguren un nivel de calidad, uniformidad o simplemente una confiabilidad.

Para garantizar esto, Se han dictado una serie de normas que se pueden definir como:

-Especificaciones: Es una presentación explícita, precisa y detallada, mediante números, descripción, planos general o plot plain, de un proceso o plan de prefabricación de algo.

-Código: Es un conjunto de reglas o procedimientos estandarizados, de materiales diseñados para asegurar uniformidad y para proteger los intereses públicos en materiales como, construcción de edificios o bienes comunitarios, establecidos por una agencia gubernamental.

-Estándar: Es algo establecido por una autoridad, un cliente o por un consenso general, como modelo o ejemplo a seguir.

-Regla: Es un procedimiento aceptado por el cliente o establecido por la costumbre y que tiene fuerza de regulación.

Qué organizaciones escriben los códigos

Los Códigos y especificaciones son escritos generalmente por un grupo de personas industriales, organizaciones o gremios de profesionales, o las entidades gubernamentales, o un comité de todos ellos; Además muchas organizaciones de fabricantes pueden preparar sus propias especificaciones para cumplir con sus necesidades específicas. Las mayores o más importantes organizaciones que escriben o emiten los códigos que involucran soldadura y que se usan con frecuencia en Colombia son:

AWS American Welding Society.

ASNT American Institute of Steel Construction.

ASTM American Society for Testing Materials.

API American Petroleum Institute.

ASME American Society of Mechanical Engineers.

AWWA American Water Works Association.

ANSI American National Standards Institute.

ASNT American Society for Non Destructive Testing.

AISI American Iron Steel Institute.

NACE National Association of Corrosion Engineers.

SAE Society of Automotive Engineers.

TEMA Tubelar Enchanger Manufacture Association.

DIN Deutch Industrie Norm.

BSA British Standard Association.

JIS Japan Institute of Standard.

AFNOR Association Francaise Of Normalization.

CSA Association of Standard American.

ISO Organización Internacional de Estándares.

AGA Asociación Americana de Gas.

ISA Sociedad Americana de Instrumentos.

MSSVFI Sociedad de Estándares de Fabricantes de Válvulas y Accesorios.

PFI Instituto de Fabricantes de Tubos.

ICONTE Instituto Colombiano de Normas Técnicas y Certificadas.

La AWS

Prepara los códigos de las estructuras, construcción de puentes, Edificios, Especificaciones de electrodos, alambres y fundentes para soldadura, así como estándares para calificación de soldadores y operarios, pruebas e inspecciones de las mismas, vocabulario concernientes a soldadura, simbología y en general todo lo relacionado con soldadura y pruebas para las mismas.

Los principales códigos o especificaciones de la AWS son:

D1.1: Códigos para soldaduras y puentes.

D10.1: Normas para calificaciones de procedimientos de soldadura para Trabajos en tubería.

B3.0: Guías generales para calificación de procedimientos y soldadores.

A3.0.-69: Términos y definiciones.

D1-1-65: Soldadura de fundición.

A5.4-64: Electrodos revestidos para aceros de baja aleación.

A5.4-62: Electrodos revestidos para Aceros Inoxidables.

A5.15-65: Electrodos para fundiciones de hierro.

D10.9-69: Calificación de procedimientos de soldaduras y soldadores para Tuberías y tubuladas.

D10.10.74: Tratamientos térmicos locales de soldaduras en tubería y Tubuladas.

B30-41T: Modelo de calificación de procedimientos.

B10-74: Método tipo para ensayo mecánicos de soldaduras.

D10.2-54T: Prácticas recomendadas para la reparación de soldaduras de Tuberías, válvulas y accesorios de hierro fundido.

D10.4-66: Soladuras de tubería y tubuladas.

A5.1: Electrodos de arco al carbono para soldadura de arco cubierto.

Así sucesivamente el código AWS, contiene más de 18 referencias a la aplicación de soldadura según el material a trabajar.

La ASTM

Se divide en numerosos comités, cada uno de los cuales emite sus propias especificaciones, códigos, y estándares de los materiales, su fabricación, construcción y métodos de pruebas. Muchos de los estándares o especificaciones del ASTM, forman parte integral de los otros códigos, tal es el caso del código ASME, en su sección II y parte A y B. Los comités que desarrollan y publican las especificaciones están conformados por los productores, usuarios y otras personas que tienen intereses en los materiales. Las especificaciones ASTM, cubren virtualmente todos los materiales usados y comercializados por la industria, con la excepción de los materiales de soldadura cubiertos por la AWS. La ASTM, publica un anuario donde incorpora los nuevos estándares, así como las modificaciones ocurridas durante el año. La totalidad de los códigos ASTM, comprenden 15 secciones de 65 volúmenes y un índice. Lo relacionado con soldadura está reunido en las tres primeras secciones y comprenden 17 volúmenes, que abarcan materiales metálicos, métodos de prueba y procedimientos analíticos. La sección I está dedicada a los aceros y

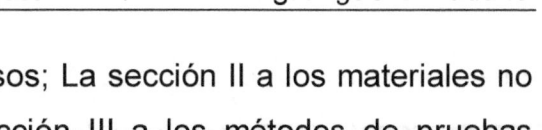
metales no ferrosos; La sección II a los materiales no ferrosos y la sección III a los métodos de pruebas para metales y procedimientos analíticos.

Cuando un código ASME, adopta para sí una especificación determinada de la ASTM, le antepone la letra S. Por ejemplo: El código A36, de la ASTM, es idéntica al código SA36 del ASME.

La API

Regula todo lo relacionado con la industria petrolera y sus sistemas de construcción de facilidades para explotación, transporte, almacenamiento, refinación, etc. En este sentido comprenden desde la construcción de oleoductos tanques a presión y atmosféricos para almacenamiento de crudos y productos terminados, así como todos los elementos conexos (tubería, bridas, válvulas y bombas) y los accesorios (codos, uniones, tés).

Los diversos manuales que se publican, cubren casi la totalidad de los tópicos concernientes a los equipos usados en la extracción y procesamiento de petróleos. Estos manuales son editadas y revisados cada cinco años, y cualquier mejora se evalúa por dos años y en forma cíclica se reedita el estándar correspondiente, buscando mejorar el rendimiento de los equipos y de los procesos, para aprovechar el máximo la energía, minimizar los costos de producción y facilitar al comprador las innovaciones técnicas, cuidando a la vez que se cumplan las leyes que regulan la contaminación que pueden causarse en la industria petrolera (ISO 14000). La norma API que más se usa en todo complejo industrial es la API 2201, que habla sobre los hot taps; la API 605 que habla sobre empaques y la API 601 que habla sobre alineamiento de bombas. Un hot taps es una técnica de unión de accesorios mecánicos o ramas soldadas a tuberías o a equipos en servicios, y crear una abertura en esa tubería o equipo, perforando o cortando una porción de la tubería o equipo dentro del accesorio unido.

Los códigos API más importantes además de los anteriores son:

API 650: Para la construcción de los tanques soldados para el almacenamiento que funcionan a presión atmosférica y pueden ser de techo fijo o techo flotante hasta la capacidad de 3000 barriles.

API 620: Para la construcción de tanques soldados para almacenamientos de productos a baja temperatura (15 psi máximo y 200ºf).

API 12B: Para tanques remachados con capacidad entre 100 y 10.000 barriles.

API 12D: Para tanques soldados en el campo con capacidad entre 500 y 10.000 barriles.

API 12F: Para tanques soldados en el taller con capacidad entre 90 y 500 barriles.

API 1104: Para la construcción de oleoductos.

API 1105: Para la construcción de oleoductos en cruces carreteables.

API 1107: Para prácticas de soldaduras y mantenimiento de oleoductos.

API. RP 510: Para las inspecciones, evaluaciones y reparaciones de recipientes a presión en refinerías de petróleos.

API. PSD 3300: Para las reparaciones de oleoductos y gasoductos.

API. PED: Para las soldaduras o conexiones en caliente en equipos que contengan sustancias inflamables.

API. SPEC.5L: Para las especificaciones para líneas de tubería.

API 500A: Para las clasificaciones de áreas para instalaciones eléctricas en refinerías petroleras.

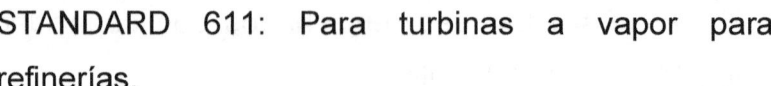

STANDARD 611: Para turbinas a vapor para refinerías.

STANDARD 614: Para el sistema de lubricación y control.

STANDARD 610: Para bombas centrífugas.

STANDARD 615: Para controles de sonidos en equipos mecánicos.

STANDARD 670: Para vibraciones, temperaturas y sistema de monitoreo.

STANDARD 671: Para acoplamientos en servicios de refinerías.

STANDARD 677: Para unidades con piñones y servicios generales en refinerías.

La ASME

La ASME ha emitido el código ASME Boiler and Pressure Vessel Code, que contiene reglas para el diseño, prefabricación e inspección de calderas y recipientes a presión. El código ASME es una norma nacional de los Estados Unidos. Que la redactan un gran comité y muchos subcomités que se componen por ingenieros seleccionados por la ASME. El comité de códigos se reúne cada tres años para revisar y tomar en consideración las peticiones de revisión, interpretación o extensión. La interpretación o extensión, se realizan mediante los Casos del Código, y las publican en la obra Mechanical Engineering. Ejemplo: un casos de códigos, puede ser el empleo de un material que no se encuentra en la actualidad en las listas de materiales no aprobados. Para que una solicitud se convierta en una sección ASME, debe ser aprobada en siete sustentaciones técnicas, teniendo presente que actualmente contiene once secciones; cada revisión del Casos de Códigos, se llama ADENDA y tiene aplicación seis meses después de aprobada. El Objetivo de la ASME, es que al final de este conocimiento, Usted entenderá las políticas básicas del ASME, y como el sistema de comité de la sección ASME trabaja.

Los Tópicos de la ASME son:
1. El sistema ASME.
2. Los códigos ASME para calderas y recipientes a presión.

1. El Sistema ASME:
Es una tríade organizativo-empresarial compuesto por la ASME, las agencias de inspección y las

jurisdicciones. Estas tres organizaciones trabajan en común acuerdo en cada procedimiento a seguir.

2.- Los códigos para calderas y recipientes a presión:
El trabajador inicial del comité del ASME para calderas y recipientes a presión en 1911; produjo el primer código para calderas y recipientes a presión llamado sección I: Calderas de Potencia, y fue editado por primera vez en 1914. Desde ese tiempo, han crecido para incluir los diferentes volúmenes que tenemos hoy en día. En orden de prevenir las duplicaciones de los requisitos; estos han sido catalogados en dos tipos:

·   Los códigos de construcción y los códigos de referencia.

·   Historia de los Códigos de Construcción

1914 Sección I Calderas de potencia.

1923 Sección IV Calderas calefactores.

1928 Sección VIII Códigos para recipientes a presión sin fuego.

1965 Sección III Componentes para plantas nucleares.

1968 Sección Renombrada sección VIII:

División 2: Reglas alternativas para Recipientes a Presión.

1969 Sección X Recipientes a presión plásticos reforzado con Fibra de vidrios.

1997 Sección División 3: Reglas alternativas para recipientes a muy alta Presión.

1998 Sección III División 3: Sistema de contención y empacado para Transporte de combustible nuclear desgastado Y desechos con niveles de radioactividad.

El cordón de la soldadura

El cordón de la soldadura

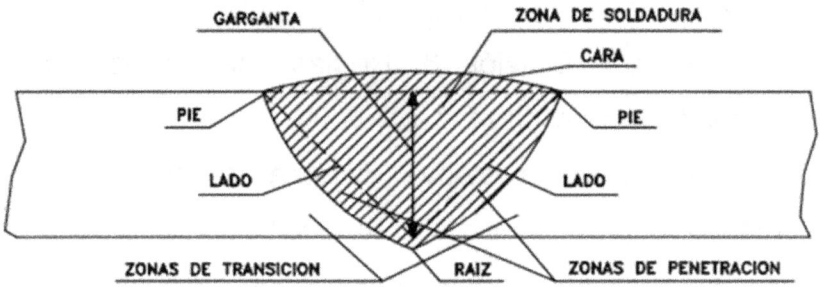

Partes del cordón de soldadura

a). Zona de soldadura: Es la zona central, que está formada fundamentalmente por el metal de aportación.

b). Zona de penetración. Es la parte de las piezas que ha sido fundida por los electrodos.

La mayor o menor profundidad de esta zona define la penetración de la soldadura.

Una soldadura de poca penetración es una soldadura generalmente defectuosa.

c). Zona de transición. Es la más próxima a la zona de penetración. Esta zona, aunque no ha sufrido la fusión, sí ha soportado altas temperaturas, que la han proporcionado un tratamiento térmico con posibles consecuencias desfavorables, provocando tensiones internas. Las dimensiones fundamentales que sirven para determinar un cordón de soldadura son la garganta y la longitud.

La garganta (a) es la altura del máximo triángulo isósceles cuyos lados iguales están contenidos en las caras de las dos piezas a unir y es inscribible en la sección transversal de la soldadura. Se llama longitud eficaz (l) a la longitud real de la soldadura menos los cráteres extremos. Se admite que la longitud de cada cráter es igual a la garganta.

$$l_{eficaz} = l_{geométrica} - 2 \cdot a$$

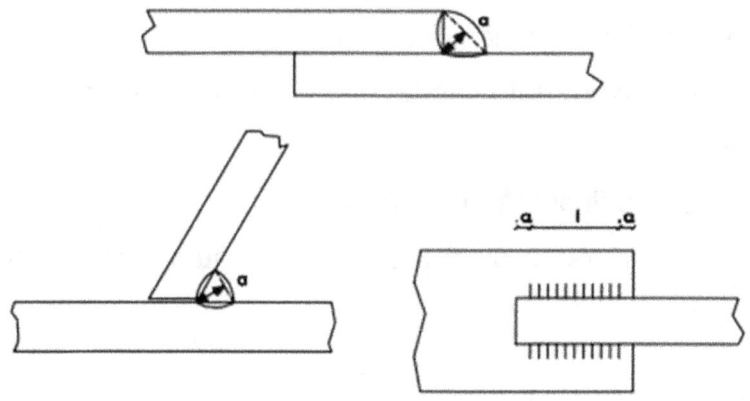

Dimensiones fundamentales de una soldadura

Clasificación de los cordones de soldadura

Los cordones de soldadura se pueden clasificar:

• Por la posición geométrica de las piezas a unir.

Soldaduras a tope.

Soldaduras en ángulo.

• Por la posición del cordón de soldadura respecto al esfuerzo.

Cordón frontal.

Cordón lateral.

Cordón oblicuo.

• Por la posición del cordón de soldadura durante la operación de soldar

Cordón plano (se designa con H)

Cordón horizontal u horizontal en ángulo (se designa por C).

Cordón vertical (se designa con V)

Cordón en techo o en techo y en ángulo (se designa con T).

Soldadura a tope

En prolongación

A tope en T

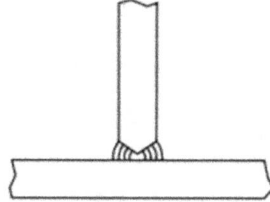 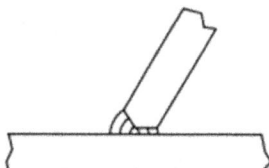

A tope en L

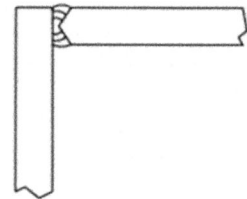 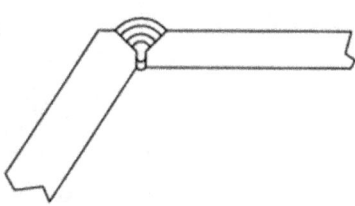

Soldaduras en ángulo

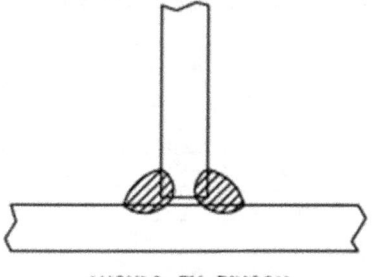

ANGULO EN RINCON

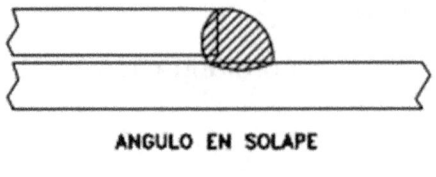

ANGULO EN SOLAPE

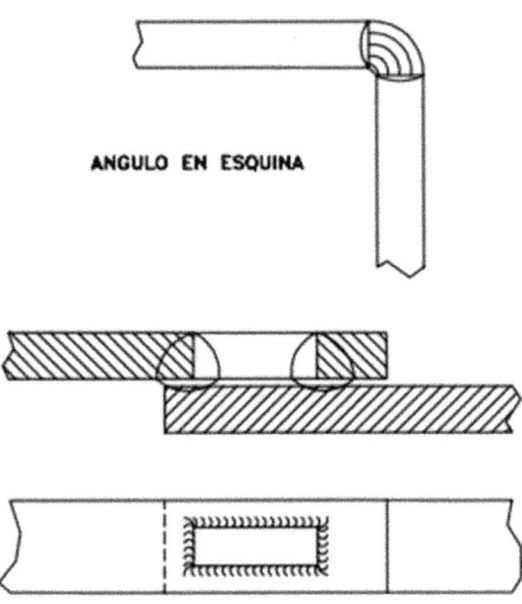

ANGULO EN ESQUINA

ANGULO EN RANURA

Clasificación de los cordones de soldadura respecto al esfuerzo

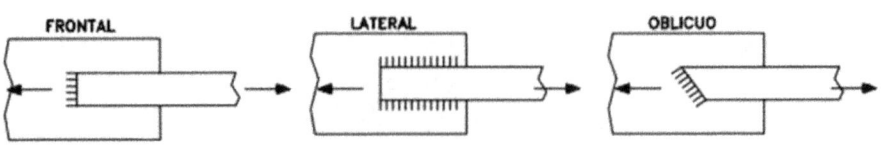

Clasificación de los cordones de soldadura según su posición durante la posición de soldar

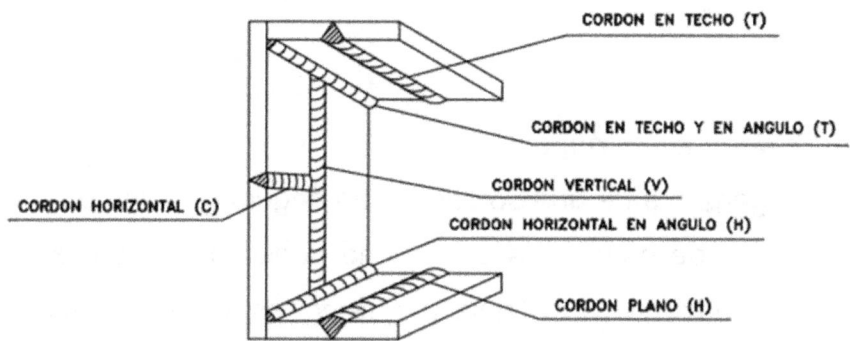

Prescripciones de NBE EA-95 para uniones de fuerza
Soldaduras a tope

-Deben ser continuas en toda la longitud y de penetración completa.

-Debe sanearse la raíz antes de depositar el primer cordón de la cara posterior o el cordón de cierre.

-Cuando no sea posible el acceso por la cara posterior debe conseguirse penetración completa.

-Cuando se unan piezas de distinta sección debe adelgazarse la mayor con pendientes inferiores al 25%.

Soldaduras a tope

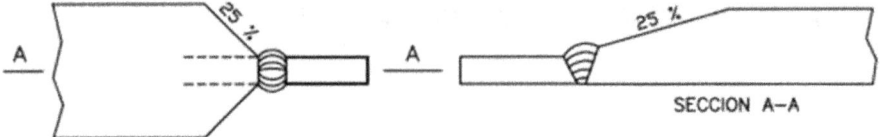

Soldaduras en ángulo

La garganta de una soldadura en ángulo que une dos perfiles de espesores $e_1 \le e_2$ no debe sobrepasar el valor máximo de la Tabla 2, que corresponde al valor e1 y no debe ser menor que el mínimo correspondiente al espesor e_2, y siempre que este valor mínimo no sea mayor que el valor máximo para e_1.

Soldaduras en ángulo

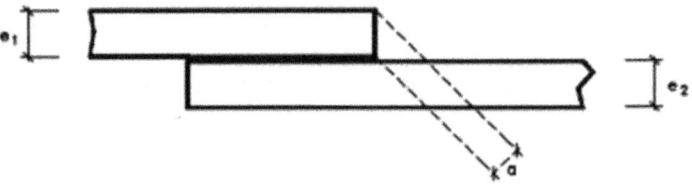

La longitud eficaz *l* de una soldadura lateral en ángulo con esfuerzo axial debe estar comprendida entre los siguientes valores:

Valor mínimo: $l \geq 15 \cdot a$
$l \geq b$

Valor máximo: $l \leq 60 \cdot a$
$l \leq 12 \cdot b$

Longitud eficaz de una soldadura lateral

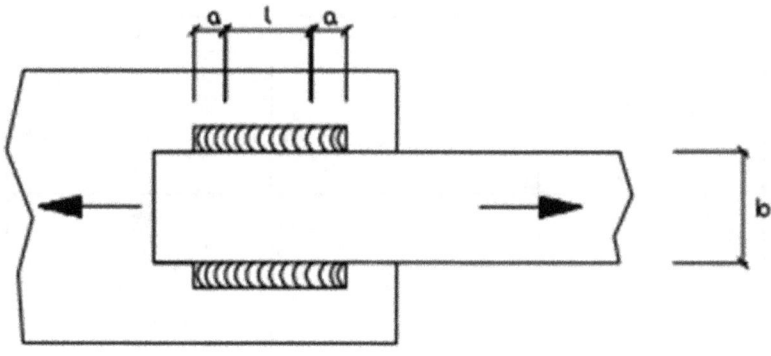

Exceptuando los casos de uniones sometidas a cargas dinámicas, o estructuras expuestas a la intemperie o ambientes agresivos, o temperaturas inferiores a 0°C, o bien en uniones estancas, las uniones longitudinales de dos piezas podrán realizarse mediante soldaduras discontinuas.

TABLA 2		
Valores límite de la garganta de una soldadura en ángulo en una unión de fuerza		
Espesor de la pieza (mm)	**Garganta a**	
	Valor máximo (mm)	**Valor mínimo (mm)**
4.0- 4.2	2.5	2.5
4.3- 4.9	3	2.5
5.0- 5.6	3.5	2.5
5.7- 6.3	4	2.5
6.4- 7.0	4.5	2.5
7.1- 7.7	5	3
7.8- 8.4	5.5	3
8.5- 9.1	6	3.5
9.2- 9.9	6.5	3.5
10.0-10.6	7	4
10.7-11.3	7.5	4
11.4-12.0	8	4
12.1-12.7	8.5	4.5
12.8-13.4	9	4.5
13.5-14.1	9.5	5
14.2-15.5	10	5
15.6-16.9	11	5.5
17.0-18.3	12	5.5
18.4-19.7	13	6
19.8-21.2	14	6
21.3-22.6	15	6.5
22.7-24.0	16	6.5
24.1-25.4	17	7
25.5-26.8	18	7
26.9-28.2	19	7.5
28.3-31.1	20	7.5
31.2-33.9	22	8
34.0-36.0	24	8

Las uniones discontinuas pueden ser correspondientes o alternadas

En estos casos, los valores límites recomendados por la NBE EA-95 para l y s son los siguientes:

Uniones longitudinales discontinuas

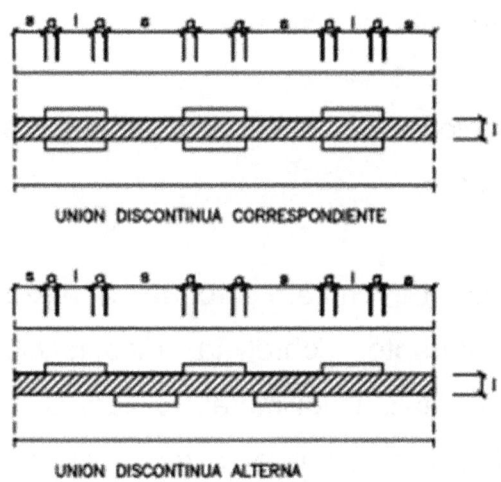

UNION DISCONTINUA CORRESPONDIENTE

UNION DISCONTINUA ALTERNA

Valor mínimo: $l \geq 15 \cdot a$
$l \geq 40$ mm

Valor máximo: $s \leq 15 \cdot e$. Para barras comprimidas.
$s \leq 25 \cdot e$. Para barras a tracción.
$s \leq 300$ mm. En todo caso.

Siendo e el espesor mínimo de los perfiles unidos.

Recomendaciones para la ejecución de cordones

Durante el soldeo proporcionamos calor que se propaga a lo largo y ancho de las piezas, produciéndose:

a). Un enfriamiento más o menos rápido de las partes de las piezas en las que la temperatura ha superado la del punto crítico del acero.

b). Contracciones de las zonas calentadas al enfriarse posteriormente.

La velocidad de enfriamiento de la pieza tiene un efecto importante sobre la modificación de la estructura cristalina del metal, lo cual se traduce en una modificación de sus características mecánicas y, en especial, en un aumento de su fragilidad. Las contracciones, si operasen sobre piezas con libertad de movimiento, sólo proporcionarían deformaciones, pero como las piezas tendrán ligaduras, nos aparecerán, además, tensiones internas, que serán mayores a medida que la producción de calor sea mayor o, lo que es equivalente, a medida que las piezas sean más gruesas. Las deformaciones que nos aparecen pueden dividirse en deformaciones lineales y deformaciones angulares. Podemos eliminar estas deformaciones y tensiones internas si seguimos las siguientes indicaciones:

Soldaduras de cordones múltiples

Se recomienda en NBE EA-95 que una soldadura de varios cordones. El último cordón conviene que sea ancho para que la superficie de la soldadura sea lisa.

Recomendaciones para la ejecución de soldaduras de cordones múltiples

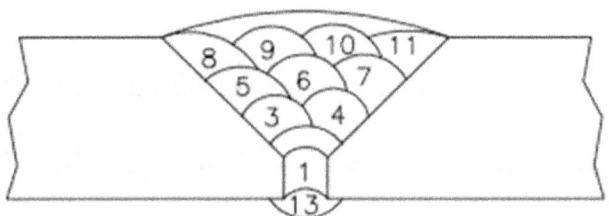

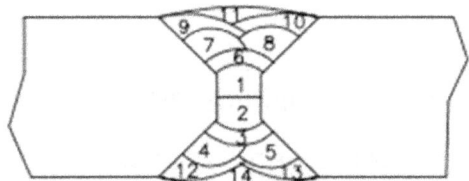

Soldaduras continuas

Cuando la longitud de la soldadura no sea superior a 500 mm se recomienda que cada cordón se empiece por un extremo y se siga hasta el otro sin interrupción en la misma dirección. Cuando la longitud está comprendida entre 500 y 1000 mm se recomienda empezar por el centro de cada dirección.

Soluciones para un sólo soldador

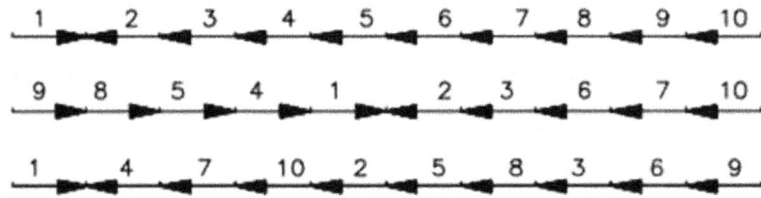

Soluciones para dos soldadores trabajando al tiempo

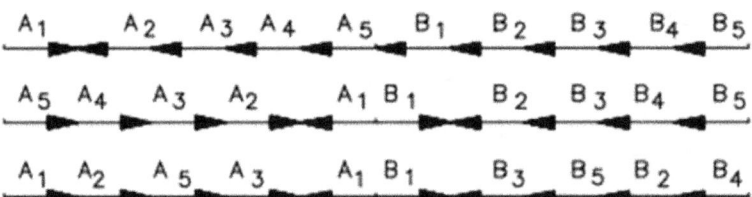

Los cordones de soldadura de longitud superior a 1000 mm es conveniente hacerlos en «paso de peregrino», sistema del cual se dan diversas soluciones en las figuras anteriores últimas.

Uniones planas con soldaduras cruzadas

Se recomienda ejecutar en primer lugar las soldaduras transversales

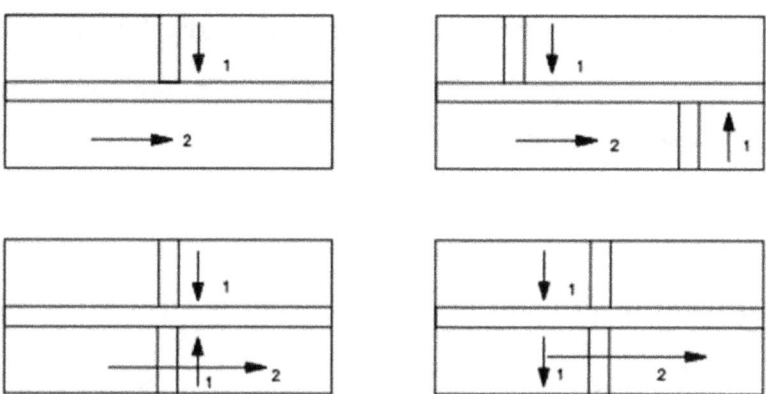

Uniones en ángulo con soldaduras cruzadas

Cuando sólo son dos los cordones que se cruzan debe seguirse la disposición a), ya que aunque parece que la disposición b) evita las tracciones biaxiales, el efecto de entalla es más desfavorable que la propia biaxialidad de tracciones.

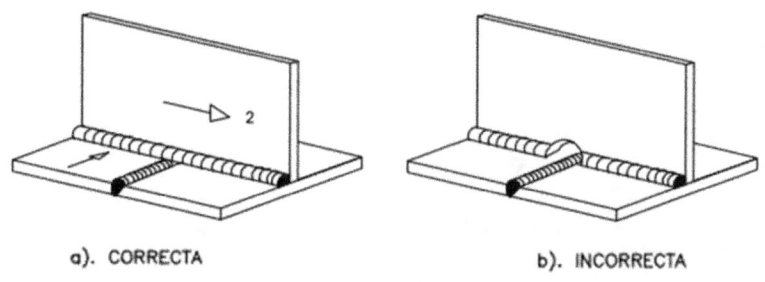

a). CORRECTA   b). INCORRECTA

Cuando se trata de tres cordones, el efecto de tracción triaxial y su consecuente peligro de rotura frágil recomienda que se utilice la configuración a), en lugar de la b), a pesar del efecto de entalla, aunque la mejor solución es evitar la concurrencia de tres cordones en un punto.

Uniones en ángulo con soldaduras cruzadas (tres cordones)

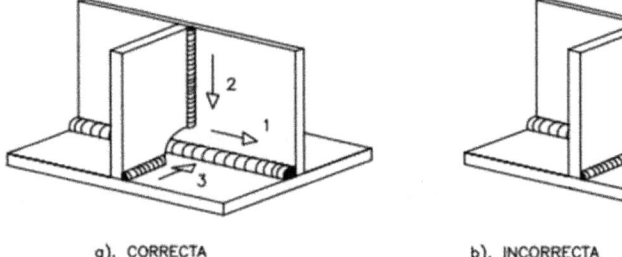

a). CORRECTA   b). INCORRECTA

Cálculo de los cordones de soldadura

Normativa: NBE EA-95.

Soldaduras a tope

La norma NBE EA-95 especifica que las soldaduras a tope realizadas correctamente no requieren cálculo alguno.

Soldaduras en ángulo

Se asimila el cordón de soldadura a un triángulo isósceles y se toma como sección de cálculo la definida por la altura a del triángulo isósceles, por ser la sección menor.

Triángulo isósceles que define el cordón de soldadura

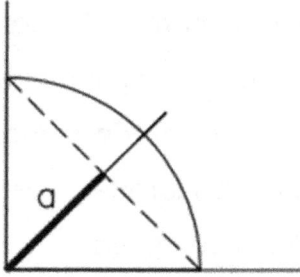

También se acepta que las tensiones son constantes a lo largo del plano definido por la altura a y cuya

superficie es $a \cdot l$, siendo l la longitud del cordón de soldadura.

Plano definido por la altura a

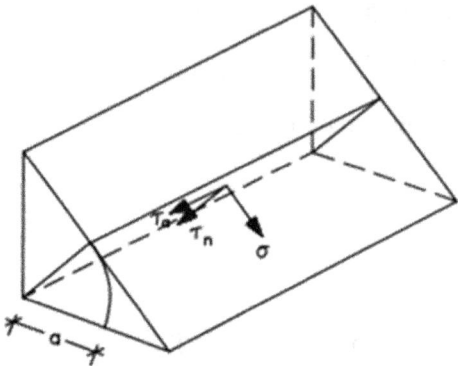

Sobre este plano las componentes de las tensiones serán: una tensión normal σ y dos componentes sobre el plano de referencia, que llamamos τ_a y τ_n.

Con una base experimental, la norma NBE EA-95 define como condición de seguridad de una soldadura de ángulo la que la tensión de comparación obtenida de las acciones ponderadas sea inferior a la resistencia de cálculo del acero.

$$\sigma_c^* = \sqrt{\sigma^2 + 1.8 \cdot \left(\tau_n^2 + \tau_a^2\right)} \leq \sigma_u$$

siendo la resistencia de cálculo del acero σ_u

$$\sigma_u = \frac{\sigma_E}{\gamma}$$

en donde $\gamma = 1$ para aceros garantizados

$\gamma = 1.1$ para aceros no garantizados (laminados en frío)

Aunque la tensión de comparación está referida al plano de garganta de la soldadura, en general resulta más sencillo para el cálculo abatir la sección de garganta sobre una de las caras del cordón.

La relación entre las tensiones unitarias es la siguiente:

$$\sigma = \frac{1}{\sqrt{2}} \cdot \left(n + t_n \right)$$

$$\tau_n = \frac{1}{\sqrt{2}} \cdot \left(n - t_n \right)$$

$$\tau_a = t_a$$

Abatimiento de la sección de garganta

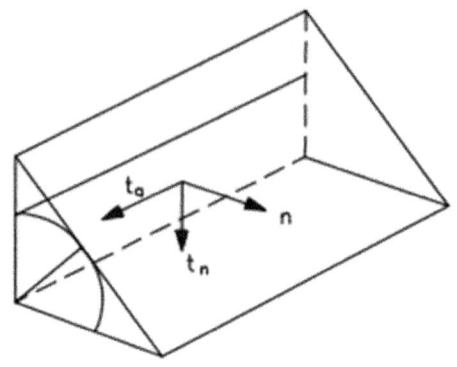

Solicitaciones a tracción

A. *Unión con solo cordones frontales*

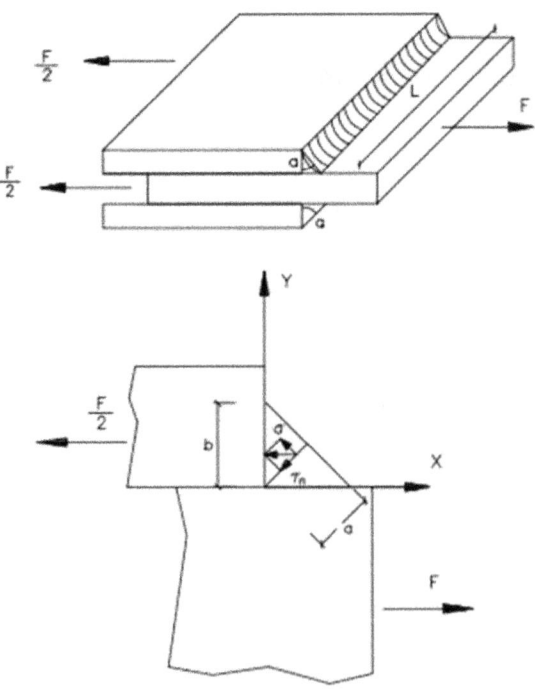

La sección de garganta se considera abatida sobre el plano de uno cualquiera de los lados del cordón. En este plano abatido:

$$n = \frac{F}{2 \cdot l \cdot a} \qquad t_n = 0 \qquad t_a = 0$$

Las relaciones entre las tensiones del plano abatido y el de la garganta son:

$$\sigma = n \cdot \cos 45° = \frac{1}{\sqrt{2}} \cdot \frac{F}{2 \cdot l \cdot a}$$

$$\tau_n = n \cdot \operatorname{sen} 45° = \frac{1}{\sqrt{2}} \cdot \frac{F}{2 \cdot l \cdot a}$$

$$\tau_a = t_a = 0$$

$$\sigma_c = \sqrt{\sigma^2 + 1.8 \cdot \tau_n^2} =$$

$$\sqrt{\left(\frac{1}{\sqrt{2}} \cdot \frac{F}{2 \cdot l \cdot a}\right)^2 + 1.8 \cdot \left(\frac{1}{\sqrt{2}} \cdot \frac{F}{2 \cdot l \cdot a}\right)^2}$$

$$\sigma_c = \sqrt{1.4} \cdot \frac{F}{2 \cdot l \cdot a} =$$

$$1.18 \cdot \frac{F}{2 \cdot l \cdot a} \leq \sigma_u$$

O bien,

$$\frac{F}{2 \cdot l \cdot a} \leq 0.85 \cdot \sigma_u$$

B. *Unión con solo cordones laterales*

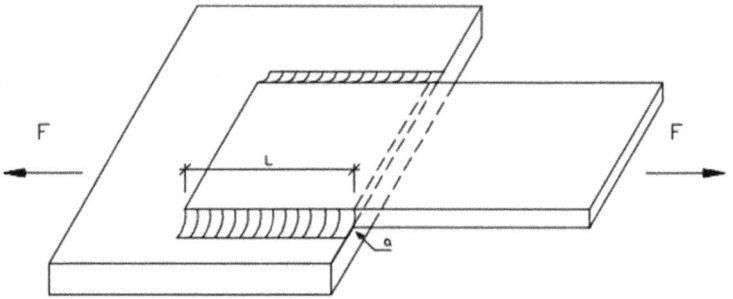

La sección de garganta se considerará abatida sobre el plano de la superficie de contacto entre las dos piezas. Las dos secciones quedarán así contenidas en el mismo plano y sometidas a la tensión t_a.

Esta tensión puede considerarse como uniforme a lo largo del cordón, siempre que la longitud de ésta no exceda de cincuenta veces el espesor de garganta, ni de doce veces el ancho del perfil unido.

$$n = 0 \qquad \tau_n = 0 \qquad t_a = \tau_a = \frac{F}{2 \cdot l \cdot a}$$

$$\sigma_c = \sqrt{1.8 \cdot \left(\frac{F}{2 \cdot l \cdot a}\right)^2} =$$

$$1.34 \cdot \frac{F}{2 \cdot l \cdot a} \leq \sigma_u$$

O bien,

$$\frac{F}{2 \cdot l \cdot a} \leq 0.75 \cdot \sigma_u$$

Unión con solo cordones oblicuos

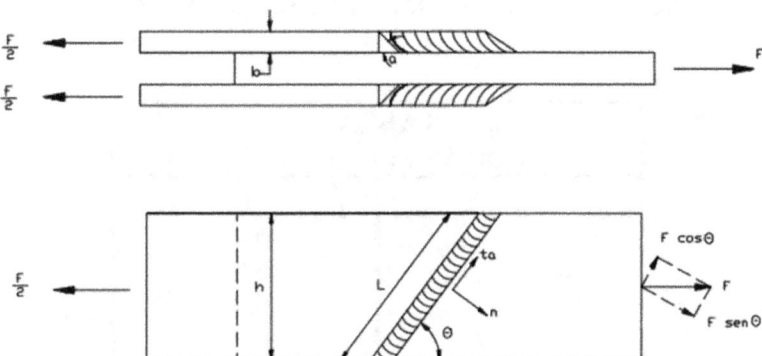

La sección de garganta se abatirá sobre el lado del cordón normal a la superficie de contacto entre las dos piezas:

$$n = \frac{F \cdot sen\,\theta}{2 \cdot l \cdot a} = \frac{F \cdot sen^2\,\theta}{2 \cdot h \cdot a} \qquad t_n = 0$$

$$t_a = \frac{F \cdot cos\,\theta}{2 \cdot l \cdot a} = \frac{F \cdot cos\,\theta \cdot sen\,\theta}{2 \cdot h \cdot a}$$

$$\sigma = n \cdot cos\,45° \qquad \tau_n = n \cdot sen\,45° \qquad \tau_a = t_a$$

$$\sigma_c = \sqrt{\sigma^2 + 1.8 \cdot \left(\tau_n^2 + \tau_a^2\right)}$$

$$\sigma_c = \sqrt{\left(\frac{F \cdot sen\,\theta}{2 \cdot \sqrt{2} \cdot l \cdot a}\right)^2 + 1.8 \cdot \left[\left(\frac{F \cdot sen\,\theta}{2 \cdot \sqrt{2} \cdot l \cdot a}\right)^2 + \left(\frac{F \cdot cos\,\theta}{2 \cdot l \cdot a}\right)^2\right]}$$

$$\sigma_c = \frac{F}{2 \cdot l \cdot a} \cdot \sqrt{\frac{sen^2\,\theta}{2} + 1.8 \cdot \left(\frac{sen^2\,\theta}{2} + cos^2\,\theta\right)} = \frac{F}{2 \cdot \beta \cdot a \cdot l} \leq \sigma_u$$

$$\frac{F}{2 \cdot l \cdot a} \leq \beta \cdot \sigma_u$$

Los valores de β están definidos en la Tabla:

TABLA 3 Valores de β	
θ	β
0	0.75
30	0.77
60	0.81
90	0.85

D. *Uniones con cordones frontales y laterales combinados*

En estas uniones existe una interacción entre los cordones frontales y laterales, de forma que la resistencia total de la costura no es igual a la suma de las resistencias de los dos tipos de cordones. De acuerdo con la experimentación disponible, se pueden recomendar provisionalmente las siguientes reglas de cálculo:

a). Si la longitud de los cordones laterales es mucho mayor que la longitud de los cordones frontales (l_2>1.5·h) la deformación que admiten aquéllos es tal que no puede aceptarse ninguna carga para los frontales. En este caso, el cálculo se efectuará como se indica en el epígrafe (Unión con sólo cordones laterales) y se debe seguir la regla de buena práctica de no emplear uniones como las de las figuras 24 c y d, ya que el cordón C_3 se fisurará antes de que los cordones C_2 hayan llegado a su capacidad total de resistencia.

b). Si los cordones laterales y frontales son aproximadamente igual en longitud (0.5·h<l_2≤1.5·l_1) y no existe el cordón C_3 se supondrá que la máxima carga admisible de la unión es:

$$F_{máx} = F_2 + \frac{1}{1+2\cdot sen^2\theta}\cdot F_1 = F_2 + K\cdot F_1$$

Siendo,

$$F_2 = 0.75\cdot\left(\sum l_2\cdot a_2\cdot\sigma_u\right)$$
$$F_1 = \beta\cdot l_1\cdot a_1\cdot\sigma_u$$
$$K = \frac{1}{1+2\cdot sen^2\theta}$$

Se deberá cumplir que:

$$F_1 \le F_{máx}$$

Los valores de β están dados en la Tabla 3 y los valores de K en la Tabla 4

θ°	TABLA 4 Valores de K $K = \dfrac{1}{1 + 2 \cdot \text{sen}^2 \theta}$
0	1.0
10	0.95
20	0.81
30	0.66
40	0.55
50	0.46
60	0.40
70	0.36
80	0.34
90	0.33

c). Si los cordones laterales y frontales son aproximadamente iguales en longitud ($0.5 \cdot h < l_2 \leq 1.5 \cdot l_1$) y existe el cordón C se supondrá que la máxima carga admisible en la unión es:

$$F_{\text{máx}} = \frac{1}{3} \cdot F_2 + F_3$$

Siendo,

$$F_2 = 0.75 \cdot \left(\sum l_2 \cdot a_2 \cdot \sigma_u \right)$$
$$F_3 = \beta \cdot l_3 \cdot a_3 \cdot \sigma_u$$

Los valores de β vienen dados en la Tabla 3

Unión con cordones frontales y laterales combinados

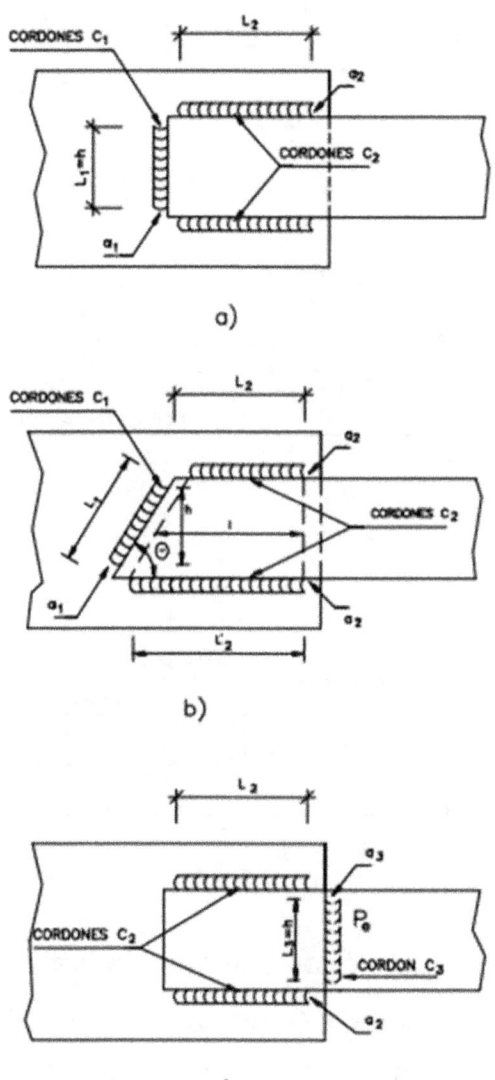

a)

b)

c)

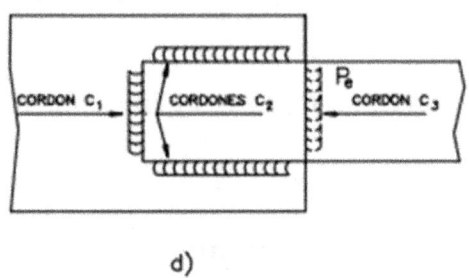

d)

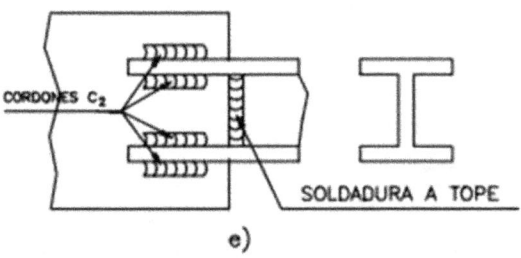

e)

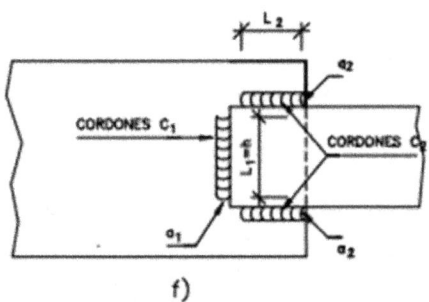

f)

d). Si la longitud de los cordones laterales es mucho menor que la de los cordones frontales ($l_2 \leq 0.5 \cdot l_1$) se supondrá que la máxima carga admisible en la unión es:

$$F_{máx} = \frac{1}{3} \cdot F_2 + F_1$$

$$F_2 = 0.75 \cdot \left(\sum l_2 \cdot a_2 \cdot \sigma_u \right)$$

$$F_1 = \beta \cdot l_1 \cdot a_1 \cdot \sigma_u$$

Solicitaciones a flexión

A. *unión con solo cordones frontales longitudinales*

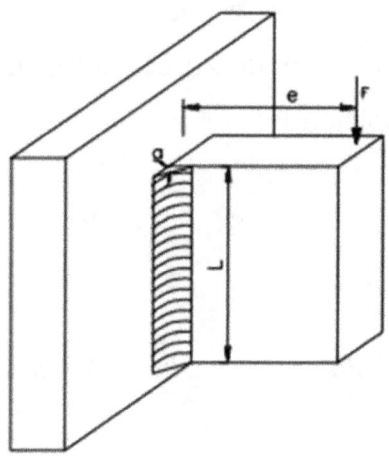

La tensión máxima producida por el momento flector puede calcularse abatiendo la sección de garganta sobre el plano del lado del cordón paralelo al eje de momento:

$$n = \frac{M}{W} = \frac{F}{2} \cdot e \cdot \frac{6}{a \cdot L^2} \qquad t_n = 0$$

$$\sigma = \frac{1}{\sqrt{2}} \cdot n = \tau_n = \frac{3}{\sqrt{2}} \cdot \frac{F \cdot e}{a \cdot L^2}$$

La tensión tangencial originada por el esfuerzo cortante puede suponerse uniforme:

$$t_a = \tau_a = \frac{F}{2 \cdot a \cdot L}$$

Combinando las tensiones obtenidas se obtendrá:

$$\sigma_c = \sqrt{\sigma^2 + 1.8 \cdot \left(\tau_n^2 + \tau_a^2\right)} \leq \sigma_u$$

Si e >>L, es decir, si el momento flector es grande comparado con el esfuerzo cortante, puede utilizarse la fórmula simplificada:

$$\sigma_c = 3.55 \cdot \frac{F \cdot e}{a \cdot L^2} \leq \sigma_u$$

B. *Unión con solo cordones frontales transversales*

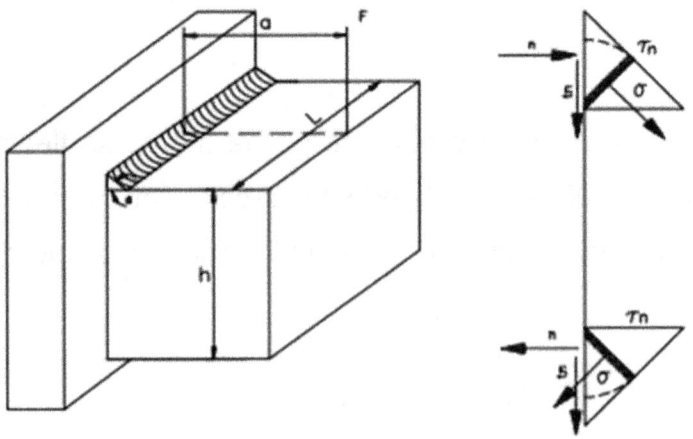

Considerando primero sólo el momento flector, la tensión máxima puede calcularse abatiendo la sección de garganta sobre el plano de unión de las piezas.

$$n = \frac{F \cdot e}{W}$$

En la mayor parte de los casos prácticos, h será grande con respecto a *a*, y se puede tomar:

$$W = \frac{I}{h} = \frac{a \cdot L \cdot h^2}{h} = a \cdot L \cdot h$$

$$n = \frac{F \cdot e}{a \cdot L \cdot h} \qquad t_n = \frac{F}{2 \cdot L \cdot a} \qquad t_a = 0$$

$$\sigma_n = \frac{1}{\sqrt{2}} \cdot (n + t_n) = \frac{1}{\sqrt{2}} \cdot \frac{F}{a \cdot L \cdot h} \cdot \left(e + \frac{h}{2} \right)$$

$$\tau_n = \frac{1}{\sqrt{2}} \cdot (n - t_n) = \frac{1}{\sqrt{2}} \cdot \frac{F}{a \cdot L \cdot h} \cdot \left(e - \frac{h}{2} \right)$$

$$\tau_a = 0$$

$$\sigma_c = \sqrt{\sigma^2 + 1.8 \cdot \left(\tau_n^2 + \tau_a^2 \right)} \le \sigma_u$$

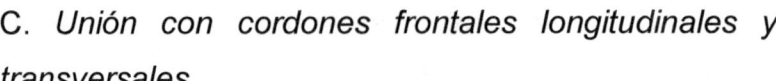
C. *Unión con cordones frontales longitudinales y transversales*

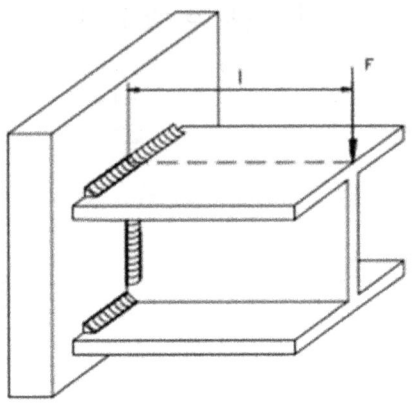

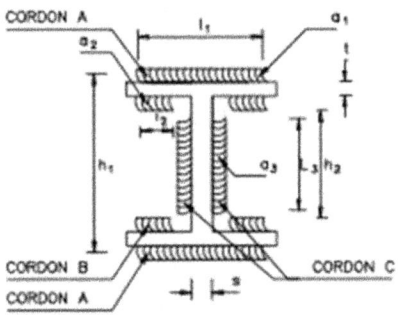

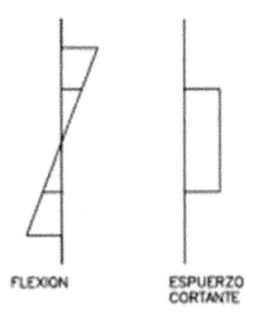

Se considera que el esfuerzo cortante actúa únicamente sobre los cordones que unen el alma y que puede considerarse como distribuido uniformemente en su sección de garganta:

$$t_a = \tau_a = \frac{F}{2 \cdot a_3 \cdot L_3} \leq \sigma_u$$

Las tensiones debidas al momento flector se calculan teniendo en cuenta el área total de la sección de garganta del cordón, abatida sobre el plano de la junta, y por tanto:

$$n = \frac{M}{W} \qquad \sigma_n = \tau_n = \frac{1}{\sqrt{2}} \cdot n$$

Para los cordones exteriores sólo se considera el momento flector:

$$\sigma_c = \sqrt{\sigma_n^2 + 1.8 \cdot \tau_n^2} = \sqrt{\frac{2.8 \cdot n^2}{2}} = 1.18 \cdot n = 1.18 \cdot \frac{M}{W} \leq \sigma_u$$

$$W = a_1 \cdot L_1 \cdot h_1 + 2 \cdot L_2 \cdot a_2 \cdot h_2$$

Solicitaciones de torsión y esfuerzo cortante combinados

A. *Unión con solo cordones laterales*

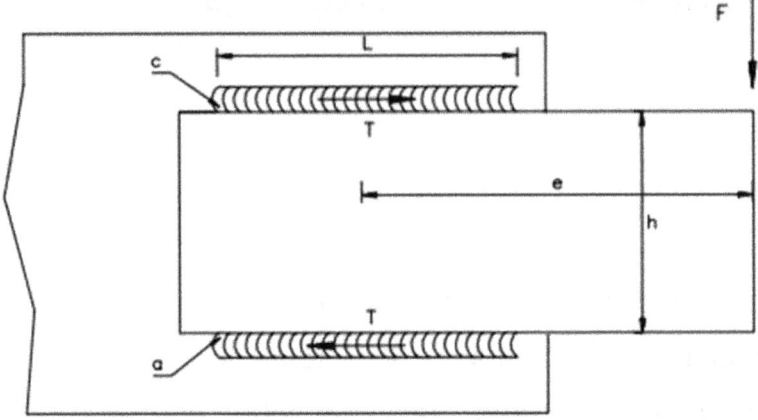

El momento torsor $M_T = F \cdot e$ se descompone en un par de fuerzas T que actúan sobre los cordones:

$$M_T = F \cdot e = T \cdot \left(h + 2 \cdot \frac{a}{2} \right) = T \cdot (h + a)$$

Estas fuerzas producen en los dos cordones la tensión tangencial longitudinal:

$$t_a = \tau_a = \frac{T}{a \cdot L} = \frac{M_T}{a \cdot (h+a) \cdot L}$$

$$t_n = \frac{F}{2 \cdot L \cdot a} \qquad \sigma = \tau_n = \frac{1}{\sqrt{2}} \cdot t_n$$

Que se puede considerar como uniforme distribuida a lo largo de los cordones.

Resulta:

$$\sigma_c = \sqrt{\sigma^2 + 1.8 \cdot \left(\tau_n^2 + \tau_a^2\right)} \le \sigma_u$$

B. *Unión con dos cordones laterales y uno frontal*

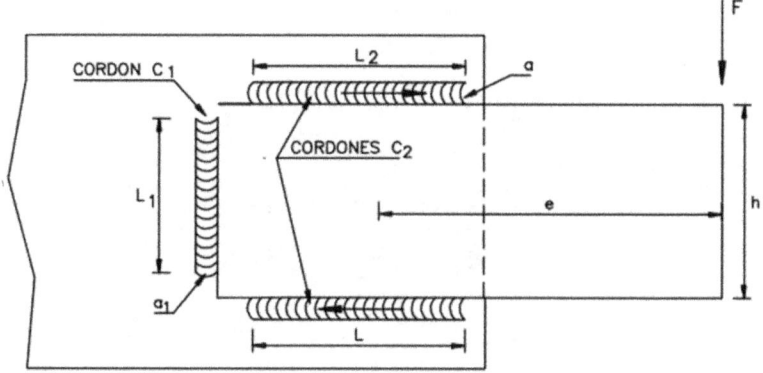

El momento torsor que agotaría el cordón a_2 sería:

$$M_L = 0.75 \cdot \sigma_u \cdot L_2 \cdot a_2 \cdot (h + a_2)$$

El momento torsor que agotaría el cordón a_1 sería:

$$n = \frac{M_e}{W} = \frac{M \cdot 6}{a_1 \cdot L_1^2}$$

$$\sigma_c = \sqrt{\left(\frac{n}{\sqrt{2}}\right)^2 + 1.8 \cdot \left(\frac{n}{\sqrt{2}}\right)^2} = \sqrt{1.4} \cdot n \le \sigma_u$$

$$n = \frac{\sigma_u}{\sqrt{1.4}} \qquad \frac{\sigma_u}{\sqrt{1.4}} = \frac{6 \cdot M_c}{a_1 \cdot L_1^2}$$

$$M_e = \frac{\sigma_u \cdot a_1 \cdot L_1^2}{6 \cdot \sqrt{1.4}} = 0.14 \cdot \sigma_u \cdot a_1 \cdot L_1^2$$

El momento torsor se descompone proporcionalmente a estos dos, para saber cuánto soporta cada cordón:

$$M_T = F \cdot e$$
$$M_1 + M_2 = M_T$$

$$\frac{M_T}{M_L + M_e} = \frac{M_2}{M_L}$$

$$\frac{M_T}{M_L + M_e} = \frac{M_1}{Me}$$

El esfuerzo cortante se considera absorbido por el cordón 2.

La soldadura 1 se calcula a flexión, tal y como se describió en el apartado *Unión con sólo cordones frontales longitudinales,* pero con un único cordón.

La soldadura 2 se calcula como se describió en el apartado *Unión con sólo cordones laterales.*

Unión del alma con las platabandas

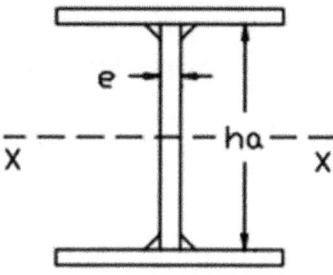

Debe cumplirse:

$$\frac{F \cdot S}{2 \cdot a \cdot I_x} \leq 0.75 \cdot \sigma_u$$

Siendo:

F Esfuerzo cortante en la sección.

S Momento estático de la platabanda respecto al eje X

I_x Momento de inercia de la sección completa respecto al eje X

Puede, del lado de la seguridad, utilizarse la fórmula simplificada siguiente:

$$\frac{F}{2 \cdot a \cdot h_a} \leq 0.75 \cdot \sigma_u$$

Prevención y riesgos en el uso de soldadura

Soldadura de arco y oxiacetilénica, sus riesgos y medidas preventivas

PROCESOS DE SOLDADURA

Procedimiento
(Unión de dos o más piezas)

Aplicación

Calor

Presión

Ambas

Mediante

Metal de aportación

(Temperatura de fusión es inferior a la de las piezas que han de soldarse).

Soldadura por arco eléctrico

La fusión del metal se produce como consecuencia del calor generado por un arco voltaico que se hace saltar entre el electrodo y el metal base, pudiéndose alcanzar temperaturas que superan los 4000 ºC.

Seguridad eléctrica al usar una máquina soldadora

Máquina soldadora (Fuente de Poder)

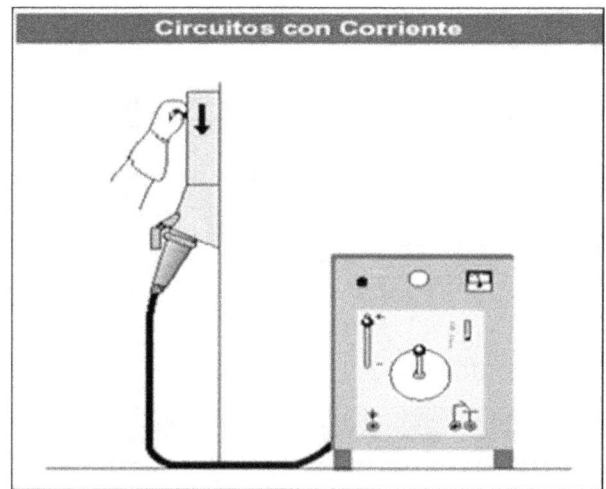

Línea de tierra

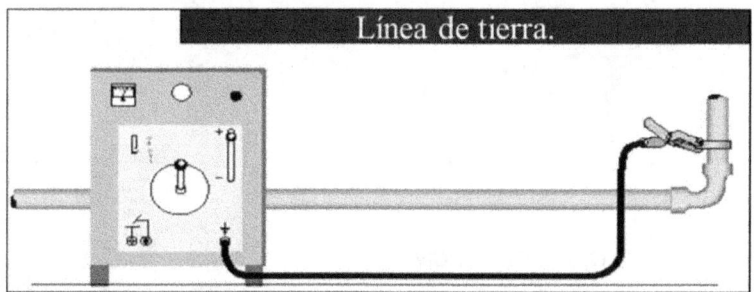

Cambio de polaridad

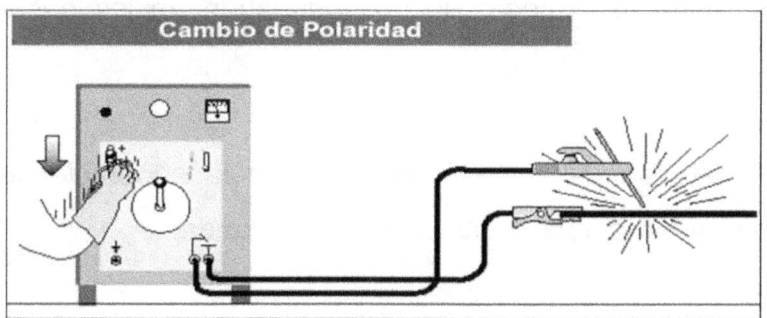

Cambio de rango de amperaje

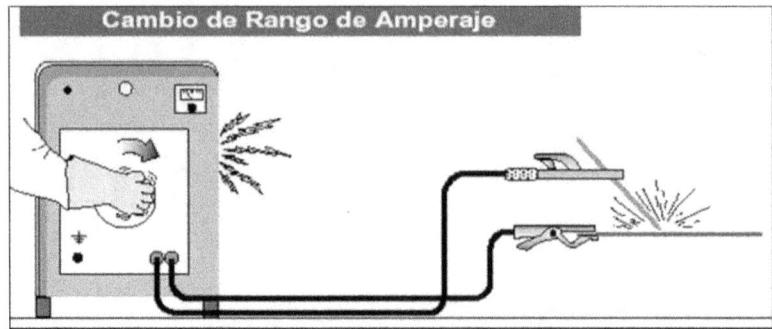

Circuito de soldadura

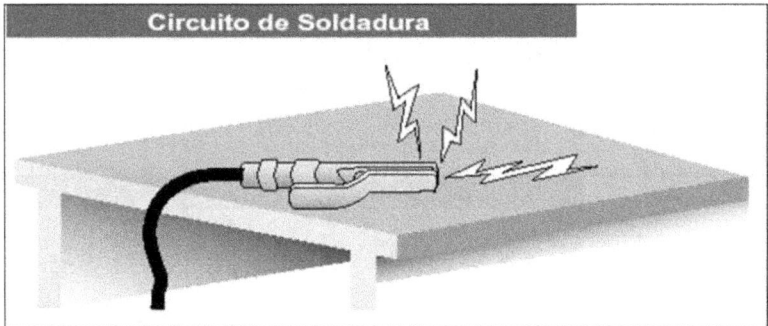

Soldadura oxiacetilénica

Consiste en una llama dirigida por un soplete, obtenida por medio de la combustión de los gases oxígeno-acetileno.

El intenso calor de la llama funde la superficie del metal base para formar una poza fundida.

Riesgos y factores en soldadura

Riesgos de accidentes en la manipulación de botellas (Soldadura Oxiacetilénica)

· Incendio y/o explosión.

· Atrapamientos diversos en manipulación de botellas.

Factores de riesgo: gases y vapores de soldadura

En la soldadura y el oxicorte se producen contaminantes, como gases y vapores, procedentes de diversas fuentes tales como:

-El material de que esté hecha la varilla de soldar (el electrodo).

-Los metales de relleno y los metales de base (tales como acero liviano y acero inoxidable).

-Gas inerte utilizado como atmósfera protectora (dióxido de carbono, helio, argón).

-Las pinturas, grasas, residuos y otros contaminantes por el estilo, presentes en la superficie del elemento que se suelda (monóxido de carbono, dióxido de carbono, humo y otros productos de descomposición irritantes).

-La ventilación.

-Por otra parte, las altas temperaturas que se producen en la operación, originan la ionización de

los gases existentes en el aire, formándose ozono y óxidos nitrosos.

-Otros tipos de riesgos son, los debidos a contaminantes físicos originados por las radiaciones UV y en algunos tipos de soldadura por ruido, sobre todo en las operaciones de caldera.

-Exposiciones a radiaciones ultravioleta y luminosas: son producidas por el arco eléctrico.

Factores de riesgo radiaciones UV y luminosas

La luz brillante emitida por un arco eléctrico contiene una elevada proporción de radiación ultravioleta que dependiendo de la exposición puede producir lesiones a nivel de la vista o la piel como:

-Exposición a destellos de arco, lesiones a nivel de los ojos (conjuntivitis fotoftalmia).

-Exposición excesiva a radiación ultravioleta (quemaduras en la piel).

-Las radiaciones que produce la soldadura oxiacetilénica son muy importantes por lo que los ojos y la cara del operador deberán protegerse adecuadamente contra sus efectos.

Riesgos debidos a los rayos nocivos			
Zona	Longitud de onda	Entorno	Lesiones
UV-C	100 a 280 nm	Entorno Industrial. Soldadura de Arco.	Foto queratitis, eritema, cáncer y pérdida de visión.
UV-B	280 a 315 nm	Luz solar. Entorno industrial	Cataratas, eritema, cáncer.
UV-A	315 a 400 nm	Trabajos exteriores.	Foto queratitis, cataratas, molestia visual.
LUZ VISIBLE	400 a 700 nm	Entorno industrial.	Lesiones fotoquímicas y térmicas de la retina.
INFRARROJO	700 a 3000 nm	Soldadura eléctrica, trabajo de fusión (fabricación del vidrio y el acero). Procesos microondas. Luz solar.	Lesiones térmicas en la retina. Pérdida de la vista. Cataratas.

Factores de peligros en el uso, mantenimiento y manejo de tanques de gas comprimido

-Peligro químico: asociado con el contenido del tanque (corrosivo, tóxico, inflamable, etc.).

-Peligro físico que representa el tanque al estar bajo presión.

-Explosión por tanques maltratados que pueden dejar escapar su contenido y convertirse en proyectiles peligrosos.

Medidas de protección colectiva para la soldadura eléctrica

-El lugar de trabajo debe de estar situado en un lugar bien ventilado, con suficiente movimiento de aire para evitar la acumulación de humos tóxicos o las posibles deficiencias de oxígeno. Cuando el lugar de trabajo no tenga estas características de ventilación natural, será obligatorio contar con un sistema de ventilación forzada.

-Proteger o aislar al personal de las radiaciones lumínicas o actínicas con mamparas ignífugas. No mirar jamás directamente el arco eléctrico.

-Antes de efectuar un cambio de intensidad desconecte el equipo.

-Las conexiones con la máquina deben tener las protecciones necesarias y las terminales no estén descubiertas.

-Vigilar donde caen las chispas o material fundido.

-La superficie exterior de los porta electrodos y los bordes de conexión para circuitos de alimentación de los aparatos de soldadura, deberán estar cuidadosamente dimensionados y aislados.

-Se deberá disponer de un extintor de incendio cerca de la cabina de soldadura.

-No tocar la pinza ni el electrodo como tampoco apoyarse en la mesa al mismo al mismo tiempo.

-En lugares húmedos, aíslese trabajando sobre una base de madera seca o alfombra aislante de tipo dieléctrica.

-No introducir jamás el electrodo en agua para enfriarlos. Puede causar un accidente eléctrico (arco voltaico).

-Se dispondrá junto al soldador de un recipiente o cubeta resistente al fuego para recoger los cabos de electrodos calientes, al objeto de evitar incendios y quemaduras al personal.

Para la soldadura oxiacetilénica o autógena
Normas de seguridad generales

-Se prohíben los trabajos de soldadura y corte, en locales donde se almacenen materiales inflamables, combustibles, donde exista riesgo de explosión o en el interior de recipientes que hayan contenido sustancias inflamables.

-Para trabajar en recipientes que hayan contenido sustancias explosivas o inflamables, se debe limpiar con agua caliente y desgasificar con vapor de agua, por ejemplo. Además se comprobará con la ayuda de un medidor de atmósferas peligrosas (explosímetro), la ausencia total de gases.

-Se debe evitar que las chispas producidas por el soplete alcancen o caigan sobre los cilindros, mangueras o líquidos inflamables.

-No utilizar el oxígeno para limpiar o soplar piezas o tuberías, etc., o para ventilar una estancia, pues el exceso de oxígeno incrementa el riesgo de incendio.

-Los grifos y los manorreductores de los cilindros de oxígeno deben estar siempre limpios de grasas, aceites o combustible de cualquier tipo. Las grasas pueden inflamarse espontáneamente por acción del oxígeno.

-Si un cilindro de acetileno se calienta por cualquier motivo, puede explotar; cuando se detecte esta circunstancia se debe cerrar el grifo y enfriarla con agua, si es preciso durante horas.

-Si se incendia el grifo del cilindro de acetileno, se tratará de cerrarlo, y si no se consigue, se apagará con un extintor de nieve carbónica o de polvo.

-Después de un retroceso de llama o de un incendio del grifo del cilindro de acetileno, debe comprobarse que la botella no se calienta sola.

Normas de seguridad específicas

Utilización de los cilindros

-Los cilindros deben estar perfectamente identificadas en todo momento, en caso contrario deben inutilizarse y devolverse al proveedor.

-Todos los equipos, canalizaciones y accesorios deben ser los adecuados a la presión y gas a utilizar.

-Los cilindros de acetileno llenas se deben mantener en posición vertical, al menos 12 horas antes de ser utilizadas. En caso de tener que tumbarlas, se debe mantener el grifo con el orificio de salida hacia arriba, pero en ningún caso a menos de 50 cm. del suelo.

-Los grifos de los cilindros de oxígeno y acetileno deben situarse de forma que sus bocas de salida apunten en direcciones opuestas.

-Los cilindros deben estar a una distancia entre 5 y 10 m de la zona de trabajo.

-Antes de empezar un cilindros, comprobar que el manómetro marca "cero" con el grifo cerrado.

-Los cilindros no deben consumirse completamente pues podría entrar aire. Se debe conservar siempre una ligera sobrepresión en su interior.

-Cerrar los grifos de los cilindros después de cada sesión de trabajo. Después de cerrar el grifo de los cilindros se debe descargar siempre el manorreductor, las mangueras y el soplete.

Mangueras

-Las mangueras deben estar siempre en perfectas condiciones de uso y sólidamente fijadas a las tuercas de empalme.

-Las mangueras deben conectarse a los cilindros correctamente sabiendo que las de oxígeno son rojas y las de acetileno negras, teniendo estas últimas un diámetro mayor que las primeras.

-Se debe evitar que las mangueras entren en contacto con superficies calientes, bordes afilados, ángulos vivos o caigan sobre ellas chispas procurando que no formen tirabuzones.

-Las mangueras no deben atravesar vías de circulación de vehículos o personas sin estar protegidas con apoyos de paso de suficiente resistencia a la compresión.

-Antes de iniciar el proceso de soldadura se debe comprobar que no existen pérdidas en las conexiones de las mangueras utilizando agua jabonosa, por ejemplo. Nunca utilizar una llama para efectuar la comprobación.

-No se debe trabajar con las mangueras situadas sobre los hombros o entre las piernas.

-Las mangueras no deben dejarse enrolladas sobre las ojivas de los cilindros.

-Después de un retorno accidental de llama, se deben desmontar las mangueras y comprobar que no han sufrido daños. En caso afirmativo se deben sustituir por unas nuevas desechando las deterioradas.

Soplete

-El soplete debe manejarse con cuidado y en ningún caso se golpeará con él.

-En la operación de apagado debería cerrarse primero la válvula del acetileno y después la del oxígeno.

-No colgar nunca el soplete en los cilindros, ni siquiera apagado.

-No depositar los sopletes conectados a los cilindros en recipientes cerrados.

-La reparación de los sopletes la deben hacer técnicos especializados.

-Limpiar periódicamente las toberas del soplete pues la suciedad acumulada facilita el retorno de la llama. Para limpiar las toberas se puede utilizar una aguja de latón.

-Si el soplete tiene fugas se debe dejar de utilizar inmediatamente y proceder a su reparación.

Hay que tener en cuenta que fugas de oxígeno en locales cerrados pueden ser muy peligrosas.

Retorno de llama

En caso de retorno de la llama se deben seguir los siguientes pasos:

· Cerrar la llave de paso del oxígeno interrumpiendo la alimentación a la llama interna.

· Cerrar la llave de paso del acetileno y después las llaves de alimentación de ambos cilindros.

· En ningún caso se deben doblar las mangueras para interrumpir el paso del gas.

· Efectuar las comprobaciones pertinentes para averiguar las causas y proceder a solucionarlas.

Reglas de seguridad

En la utilización, manejo y almacenamiento de tanques de gas comprimido

-Lea la etiqueta del tanque para identificar el contenido. El color del tanque no siempre es un factor de identificación.

-Lea las Hojas de Datos sobre la Seguridad del Material (MSDS por sus siglas en inglés) y conozca los requisitos de seguridad y de primeros auxilios.

-Identifique los peligros asociados con el contenido y tome las precauciones enunciadas en la etiqueta/MSDS.

-Nunca exponga un tanque a herramientas eléctricas que produzcan chispas, cigarros o llamas abiertas.

-Nunca intente reparar los tanques o válvulas.

Los cilindros que contengan gases comprimidos no serán manejados de manera brusca ni se dejarán caer. Siempre se harán descansar sobre su base inferior, esta medida de prevención debe ser escrupulosamente mantenida estando llenos o vacíos los cilindros y deberán estar sujetos con cadenas, correas, etc.

-No deje caer los tanques ni permita que choquen violentamente uno contra otro.

-No permita que los tanques formen parte de un circuito eléctrico.

-Nunca acepte tanques si la fecha de la prueba de presión hidrostática está vencida.

-No utilice grasa o aceite en los tanques de oxígeno - no use guantes grasosos en los tanques de oxígeno.

-No use tanques abollados, cuarteados o con otros daños visibles.

-Las tapas de seguridad deben estar aseguradas, derechas, y apretadas a mano, esté el cilindro vacío o lleno.

-No almacene tanques de oxígeno a menos de 20 pies de otros tanques de gas combustible o de materiales altamente inflamables.

-No almacene tanques que contengan gases inflamables como hidrógeno o acetileno cerca de llamas abiertas u otras fuentes de combustión.

Glosario

-Abocardado: Forma geométrica, cónica en la punta de la tubería, que permite una unión roscada.

-Acero: Aleación de 98% hierro (Fe), menos del 2% carbono (C) y otros elementos.

-Acero inoxidable: Aceros a los que se les ha adicionado intencionadamente cromo, níquel y otros elementos

-Acotar: Acción de indicar las medidas de un elemento o pieza en un plano.

-Adhesivo: Pasta o líquido que se utiliza para pegar piezas o superficie.

-Aislamiento acústico: Material que se emplea para aislar una zona o elemento del ruido.

-Aislamiento eléctrico: Material o elementos que se emplean para evitar el paso de la electricidad.

-Aleación: Mezcla homogénea de diferentes elementos.

-Alzados: Vista más representativa de una pieza o vertical de un edificio.

-Arandelas: Elemento usado en las uniones atornilladas que reparten la presión de la cabeza del tornillo o de la tuerca de forma homogénea.

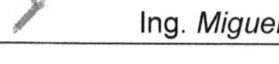
-Barnices: Pinturas decorativas semitransparentes.

-Bibliotecas con símbolos: Colección organizada de símbolos de elementos e instalaciones, generalmente en archivos de formato digital.

-Brocas: Herramientas usadas para taladrar un elemento.

-Cajetín: Tabla o recuadro donde se introducen los datos generales de un dibujo.

-Catalizador: Elemento químico que acelera, inicia o permite que un proceso químico se realice.

-Conformado: Acción de darle forma a una pieza.

-Corrosión: Proceso destructivo al que están sometidos los materiales en ciertas condiciones.

-Curvado: Acción de doblar en forma circular una chapa, un tubo o cualquier otro elemento.

-Derivaciones: Desvíos secundarios a partir de una tubería general.

-DWG: Extensión de un archivo informático que se usa generalmente por el programa AutoCAD.

-DXF: Extensión de un archivo informático que se usa como archivo Standard.

-Chapa de acero: Pieza de acero en la que predominan el ancho y el largo en relación con el espesor.

-Engatillado: Forma de unión de piezas que usa formas especiales en los extremos para conseguir un trabado.

-Entronques: Figura geométrica que se forma en las derivaciones.

-Escalímetro: Útil empleado para medir sobre un plano a escala medidas reales.

-Espárragos: Tornillos roscados en los dos extremos y sin cabeza.

-Estanco: No permite salir o entrar nada de su interior.

-Fluidos: Masa que se puede transportar por tuberías.

-Fundiciones: Aleación de hierro y carbono con una composición de carbono entre el 1,76 y 6,67%.

-Hidráulica: Sistema de transmisión de fuerza por medio de fluidos líquidos.

-Intemperie: Exterior, sometido a las inclemencias atmosféricas.

-Manguera: Tubería larga y flexible.

-Manguitos: Piezas de unión de dos tuberías sin cambio de dirección.

-Maquinabilidad: Propiedad que indica la posibilidad de transformar una pieza con máquinas herramientas.

-Nonio: Sistema de medición usado en aparatos de medida.

-Normalizada: De acuerdo con las normas.

-Oxidación: Proceso degenerativo en presencia de oxígeno.

-Pérdidas energéticas: Energía que no se puede recuperar.

-Perfil: Vista lateral de una pieza.

-Plano: Conjunto de dibujos, acotaciones y textos necesarios para representar una pieza o elemento.

-Planta: Vista desde el aire de una pieza o elemento.

-Punzonado: Taladrado de una pieza por golpe de una matriz.

-Rayos ultravioletas: Componente de la luz solar.

-Rebabas: Aristas que se formar al cortar una pieza.

-Reducciones: Piezas usadas en las tuberías para realizar una transición o cambio de diámetro.

-Remachado: Unión mediante remaches.

-Remaches: Útil que se emplea para realizar uniones sin soldaduras fijas.

-Roturas: Quitado ficticio de material en un sitio puntual que permite observar el interior de una pieza.

-Secciones: Corte transversal ficticio de una pieza que permite ver lo que hay detrás de la línea de corte.

-Simétrico: Visión de espejo.

-Taladrado: Acción de producir un agujero en una pieza o lugar.

-Terraja: Herramienta usada para mecanizar las roscas en los tornillos.

-Tolerancias: Indicaciones que expresan el error permitido.

-Tornillo: Pieza macho de una unión roscada.

-Tuberías: Elemento usado para transporte de fluidos.

-Tuerca: Pieza hembra de un unión roscada.

-Virola: Cilindro producido desde una chapa por medio de una curvadora.

Bibliografía

ASM International (2003). Trends in Welding Research. Materials Park, Ohio: ASM International.

Blunt, Jane and Nigel C. Balchin (2002). Health and Safety in Welding and Allied Processes. Cambridge: Woodhead.

Cary, Howard B. and Scott C. Helzer (2005). Modern Welding Technology. Upper Saddle River, Nueva Jersey: Pearson Education.

D'Addario Miguel. Técnicas de mecanizado. Createspace. Comunidad Europea.

D'Addario Miguel. Diseño industrial. Cratespace. Comunidad Europea.

Hicks, John (1999). Welded Joint Design. Nueva York: Industrial Press.

Kalpakjian, Serope and Steven R. Schmid (2001).

Manufacturing Engineering and Technology. Prentice Hall.

Lincoln Electric (1994). The Procedure Handbook of Arc Welding. Cleveland: Lincoln Electric.

Weman, Klas (2003). Welding processes handbook. Nueva York: CRC Press LLC.

Hernández Riesco, Germán. Manual del Soldador, Madrid 2006.

Equipo Técnico Edebe J. Mata, C. Álvarez, T. Vivondo: Teoría de técnicas de expresión gráfica 1.2 (Rama Delineación), Barcelona: 1977.

Ferrer Ruiz, Julián / Domínguez Soriano, Esteban José: Técnicas de Mecanizado para el manteniendo de vehículos, Madrid.

Ministerio de educación y Ciencia, CENICE, Banco de imágenes: http://recursos.cnice.mec.es/bancoimagenes/

Universidad Politécnica de Valencia, Servicio de Prevención de Riesgos Laborales. http://www.sprl.upv.es

Manual de
SOLDADURA
Industrial

Fundamentos, tipos y aplicaciones

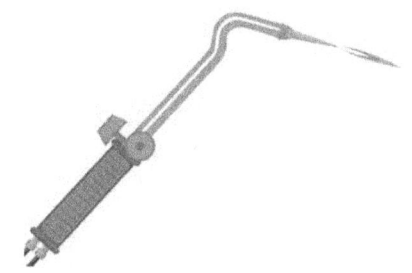

Ing. Miguel D'Addario

Primera edición

2017

CE